新疆特色林果低温冻害监测预警指标研究

吉春容　王　进　杨明凤　胡启瑞
郭燕云　高　健　火勋国　王　蕾　编著
李　艳　向　导　刘　艳　邹　陈

气象出版社
China Meteorological Press

内 容 简 介

低温冻害是影响新疆特色林果品质与产量提升的主要气象灾害之一，本书围绕新疆主要特色林果红枣、核桃、香梨、巴旦木、枸杞、蟠桃、葡萄的低温冻害问题开展研究。从低温冻害的概念及类型、对果树形态生理特性的影响方面，揭示了低温冻害对特色林果生长的影响机理。利用历史灾情资料，分析了灾害天气的发生发展过程，研究确定了果树低温冻害发生的关键气象影响因子。采用低温模拟试验，探讨了冻害发生过程中果树形态、生理特性的差异变化，确定了果树低温冻害发生的临界条件。从内、外部因子两方面阐明气象条件与果树冻害的关系，掌握了果树不同部位忍耐低温冻害的极限指标，综合研究构建了不同果树、不同程度低温冻害监测预警指标，并提出了不同模式低温冻害防御技术。研究内容可为不同林果有效防冻措施的提出提供技术参考，为新疆特色林果业的安全健康可持续发展、指导特色林果种植发展规划等提供理论依据。

本书可供从事农林业气象科研、服务以及农业科技、生产管理的部门和人员参考。

图书在版编目（CIP）数据

新疆特色林果低温冻害监测预警指标研究 / 吉春容等编著. -- 北京 : 气象出版社, 2023.8
ISBN 978-7-5029-7988-1

Ⅰ. ①新… Ⅱ. ①吉… Ⅲ. ①果树－冻害－防治－新疆 Ⅳ. ①S426

中国国家版本馆CIP数据核字(2023)第108910号

新疆特色林果低温冻害监测预警指标研究

Xinjiang Tese Linguo Diwen Donghai Jiance Yujing Zhibiao Yanjiu

---

出版发行：气象出版社
地　　址：北京市海淀区中关村南大街 46 号　　**邮政编码**：100081
电　　话：010-68407112(总编室)　010-68408042(发行部)
网　　址：http://www.qxcbs.com　　**E-mail**：qxcbs@cma.gov.cn
责任编辑：黄红丽　林雨晨　　**终　　审**：张　斌
责任校对：张硕杰　　**责任技编**：赵相宁
封面设计：地大彩印设计中心
印　　刷：北京建宏印刷有限公司
开　　本：787 mm×1092 mm　1/16　　**印　　张**：6.25
字　　数：160 千字
版　　次：2023 年 8 月第 1 版　　**印　　次**：2023 年 8 月第 1 次印刷
定　　价：68.00 元

序

新疆地理环境和气候类型独特，光热资源丰富，是我国重要的粮棉、林果和畜产品生产基地。习近平总书记2022年在新疆考察时指出，要发展优势农产品、壮大优势产业、促进农牧业绿色高效发展。林果业是我区极具特色的优势产业，也是农民增收致富的重要渠道，实现特色林果的高产和稳产对区域经济和社会的可持续发展至关重要。

农业是受天气气候影响最明显的行业。国务院印发的《气象高质量发展纲要（2022—2035年）》（国发〔2022〕11号），明确提出实施气象为农服务提质增效行动。新疆维吾尔自治区人民政府提出重点发展的八个产业集群中，将粮油、棉花和纺织服装、绿色有机果蔬等作为新疆现代产业体系的重要支撑。新疆维吾尔自治区气象局围绕国家、自治区经济社会高质量发展需求，不断强化农业生产气象服务、提升粮食安全保障能力，强化特色产业气象服务、助力全面推进乡村振兴，强化智慧农业气象服务平台建设、提升气象服务覆盖面和影响力，强化联合科研攻关、提高农业气象服务科技含量，逐步实现气象为农服务高质量发展，为自治区党委、政府、农口相关部门、广大农户在农业生产、防灾减灾等方面服务，取得了显著的社会经济效益。

全球气候变化背景下，新疆农区气象灾害也呈现出多发、频发趋势，新疆林果种植业长期以来一直受到低温冻害、霜冻、高温、大风沙尘、冰雹等多类型气象灾害的影响。特殊的地理气候环境是一把“双刃剑”，既成就了新疆林果产品的独特风味和品质，又在一定程度上制约了其健康持续发展。新疆林果业种植区域广阔，研究不同气象灾害对林果生产的影响机理、研发特色林果气象灾害监测预警与防御技术，对气象服务于新疆特色林果业的防灾减灾、救灾减损非常重要。

新疆维吾尔自治区气象局农业气象科技工作者编写的《新疆特色林果低温冻害监测预警指标研究》一书，围绕新疆主要特色林果红枣、核桃、香梨、巴旦木、枸杞、蟠桃、葡萄的低温冻害问题进行了有益创新和探索，揭示了低温冻害对新疆主要特色林果的影响机制，构建了不同林果低温冻害监测预警指标，提出了不同模式低温冻害防御技术措施，研究成果具有重要的学术价值和应用价值，对新疆特色林果业的安全健康可持续发展、特色林果种植发展规划等具有重要的指导意义。

崔彩霞*

2023年4月于乌鲁木齐

* 崔彩霞，新疆维吾尔自治区气象局局长、党组副书记。

前 言

新疆是我国著名的特色瓜果产地，红枣、核桃、哈密瓜、葡萄、香梨、石榴、巴旦木等享誉国内外。近年来，新疆特色林果业发展迅速，自治区党委明确提出了“稳粮、优棉、强果、兴畜、促特色”的农业发展战略目标。目前，上述林果种植面积已超过1500万亩，成为各族农民增收的主要来源之一。全球气候变化背景下，新疆农区气象灾害也呈现出多发、频发趋势，新疆林果种植业长期以来一直受到低温冻害、霜冻、高温、大风沙尘、冰雹等多类型气象灾害的影响。据不完全统计，低温冻害(霜冻)造成林果业受灾面积占比为17.2%。特殊的地理气候环境是一把“双刃剑”，既成就了新疆林果产品的独特风味和品质，又在一定程度上制约了其健康持续发展。

自2008年以来，中国气象局乌鲁木齐沙漠气象研究所、新疆兴农网信息中心(新疆维吾尔自治区农业气象台)、乌兰乌苏农业气象试验站等部门的气象科技人员，在国家自然科学基金(41375122)、科技部农业科技成果转化资金(2013GB24160633)、自治区重点研发专项(课题)、新疆维吾尔自治区自然科学基金、中国沙漠气象科学研究基金、中央级科研院所基本科研业务费、新疆气象科学研究等科研课题的支持下，围绕低温冻害对特色林果生长的影响机理、特色林果低温冻害监测预警技术研发及服务应用等方面展开了研究。

本书共分为八章，第1章介绍了低温冻害对特色林果的影响机理，主要由吉春容、郭燕云、高健、火勋国、李艳、刘艳、吴烨、陈颖、王森、陈雪等完成。第2章介绍了红枣低温冻害监测预警指标，主要由吉春容、王蕾、李迎春、罗继、李战超、张载勇、李曼、孔子铭等完成。第3章介绍了核桃低温冻害监测预警指标，主要由吉春容、霍文、刘海蓉、陈冬梅、李锦虎、李曦光、郑新倩、张倩、华烨等完成。第4章介绍了香梨低温冻害监测预警指标，主要由吉春容、刘新春、赵勇军、王媛媛、张仕明、博明森、范金霞、杜新蕊等完成。第5章介绍了巴旦木低温冻害监测预警指标，主要由吉春容、邹陈、李锦虎、李新建、罗磊、王雪姣、刘立宏、陈丛敏、孟凡雪、孙玉华等完成。第6章介绍了枸杞霜冻灾害监测预警指标，主要由胡启瑞、李迎春、张学艺、李福生、张山清、张绘芳、谷然、孙蕾、王小军等完成。第7章介绍了蟠桃霜冻灾害监测预警指标，主要由杨明凤、向导、许浩翊、张玲、田苗、杜峰、王延慧、侯慧杰、刘爱琳等完成。第8章介绍了葡萄冻害安全越冬防御技术，主要由王进、张青、任岗、安东亮、雷薇、许浩翊、季芬、吾米提·居马太、吉春容等完成。

本书是在中国气象局乌鲁木齐沙漠气象研究所、新疆兴农网信息中心(新疆维吾尔自治区农业气象台）、乌兰乌苏农业气象试验站、新疆林业科学院现代林业研究所、新疆维吾尔自治区气象局、中国气象局公共气象服务中心等科技工作者多个项目成果的支持下完成的，感谢特色林果气象服务科技创新团队及项目组全体成员的辛勤努力。

本书稿凝聚了全体编写人员的精力和心血，是由众多农业气象科技工作者集体写成，虽然多次讨论和修改，但由于种种原因，难免有不当和欠妥之处，敬请专家、读者及广大科研人员批评指正。最后，我们对参加本书编写的专家们、同事们表示深切的感谢，感谢大家对本书的贡献。

吉春容

2023 年 4 月

目　录

第1章
低温冻害对特色林果的影响机理

1.1 低温冻害概述

1.1.1 低温冻害的概念及类型

1.1.1.1 低温冻害的概念

自然灾害是林果业生产中经常出现的威胁，尤其是冻害。冻害是指温度下降到冰点以下，植物体细胞内或细胞间水分结冰而直接破坏原生质的结构或使原生质脱水、机械挤压与变性凝固造成细胞膜的相变与膜系统结构的破坏，从而引起植物体内的生理机能障碍和使其代谢过程的协调受到破坏，导致植株受伤甚至死亡。初冬、深冬季节和早晚春时常出现冻害，发生冻害的原因，除品种抗寒性弱以外，一般是冬前树体内营养物质贮藏不足，秋季新梢结束生长晚，组织不充实，没经过抗寒锻炼，抵御不了冬季低温的侵袭，因而受害。

果树是多年生植物，轻度冻害造成幼树或枝条花芽死亡，影响当年产量；重度冻害不仅使整个植株或部分大小枝条或花芽受冻死亡，对当年造成严重的损失，而且还会影响以后多年，常使树势衰弱，腐烂病、干腐病等病害蔓延，甚至毁灭全园，严重影响着果树生产的发展。我国是遭受霜、冻害最严重的国家之一，平均每年霜、冻害面积达 34 万 hm^2，最重年达 77 万 hm^2，因霜、冻害造成农作物、果树和蔬菜损失每年达 30 亿元。

1.1.1.2 低温冻害的类型

根据冻害发生时间，将冻害分为晚秋初冬冻害、越冬冻害和晚霜冻害：晚秋初冬冻害是指果树在尚未完全进入越冬期时，突然遭遇强降温而导致的冻害；越冬冻害是指气温低于该品种果树所能承受的下限温度而遭受的冻害，越冬冻害的严重程度与极端最低气温、低温持续的天数、降温的幅度有关，也因植物抗性强弱而异；晚霜冻害是指果树休眠期解除后所遭遇的冻害，主要表现为花期冻害或冷害，其与果树的发育期和极端最低气温密切相关。

此外，可根据林果业受冻后造成的危害进行冻害分级，或根据果树不同部位受冻程度进行冻害分级。

1.1.2 低温冻害的发生及危害

1.1.2.1 低温冻害的发生规律

20 世纪 80 年代以来，气候变暖明显，但冻害危害并未减弱。气候变暖致使暖冬和暖春年份增多，使果树抗寒能力下降；且气候变化具有不稳定性，冷暖突变剧烈，极端气候事件增多，因此冻害风险依然不减，如2007年春季发生在美国东部的霜冻害(任国玉 等，2004；Warmund et al.，2008)。国内一些学者对果树冻害进行了研究，葛徽衍等(2005)分析了冻害对果树花期的影响及暖冬与冻害的关系，即果树花期越提前，遭遇霜冻危害的可能性就越大；尹忠岭等(2009)整理并统计巴音郭楞蒙古自治州(简称巴州)地区1950年以来果树冻害资料发现，巴州地区果树冻害发生频率加快、冻害温度指标上升与气候变暖有很大关系。

一般来讲，冻害的发生常出现有规律的周期性，约10 a出现一次大冻害，例如1954/1955年阿克苏地区冬季温度下降到－27.7～－26.3 ℃，1966/1967年，极端最低气温下降到－26.8～－24.1 ℃。但是，随着人类活动对自然的影响越来越大，全球气候呈现不规律变化的现象，灾害性气候的发生越来越频繁。以南疆为例，2002年冬季低温给各地州的林果业生产带来了巨大的损失；2005年巴州及阿克苏地区11月下旬气温骤降并伴随着雨雪，使两地州的杏树几乎绝产，香梨产量也大幅度下降。

(1)气温变化整体有利于果树越冬

年平均气温呈上升趋势，对林果这一喜温作物整体有利，尤其是冬季平均气温、平均最低气温、极端最低气温均呈现增暖趋势，20世纪90年代以来，冬季气温明显变暖，暖冬年份增多，冬季长度明显缩短，低温日数减少，暖冬气候整体有利于果树的越冬。

(2)气候变暖导致极端气候事件频发，果树发生冻害风险增大

在全球变暖背景下气温的年际变化幅度加大，冬季阶段性低温引发冻害成为当地林果生产的主要威胁。南疆环塔里木盆地林果种植区种植果树品种较多，历史记载曾多次发生冻害，特别是进入21世纪以来，随着人类活动对自然界的影响越来越大，全球气候变化呈现不规律变化的现象，极端气候事件的发生越来越频繁(唐冶 等，2014)。南疆2002年冬季低温给各地州的果树生产带来了巨大损失；2005年巴州及阿克苏地区11月下旬气温骤降并伴随着雨雪，使两地州的杏树几乎绝产，香梨产量也大幅度下降(吉春容 等，2011)；尤其是2008年1月下旬至2月上旬塔里木盆地的低温阴雪天气过程降温明显，降温幅度大部地区在10 ℃以上，日最高气温的降温幅度大于日平均气温和日最低气温，剧烈的降温幅度使得该时段盆地内日平均气温、日最高气温、日最低气温异常偏低。低温阴雪天气过程降温幅度大，低温持续时间长，盆地西部的部分地区达到了50 a一遇，甚至个别站的部分指标如平均日最高气温、最大积雪深度、日照时数达到了100 a一遇，低温冻害使南疆林果业遭受重创。而且随着气候变暖，果树冻害气候指标明显降低，主要原因是20世纪90年代以来冬季气温明显变暖，强冷冬很少发生，暖冬年份增多，适应当地寒冷气候的果树品种抗寒性随之降低，加之入冬期偏晚，果树冬前抗寒锻炼不足，造成果树冻害指标降低(尹忠岭 等，2009)。

(3)冻害与树种、树龄、树势、地势、地下水位、栽培管理等有密切关系

不同树种冻害程度不同：枣、杏、香梨等由于落叶早，皮层含水量低，未受冻害；而核桃、扁桃、桃、葡萄等由于落叶晚，生长旺，皮层含水量高，受冻严重。同一树种不同树龄冻害程度不同：幼树、旺树由于停止生长晚，冻害比大树、壮树严重。果树不同部位受冻程度不同：含水量高的部位受冻严重，迎风面严重；根颈部比主干易受冻，成熟木质化的枝较抗冻，花芽比叶芽易受冻，地上部比地下部易受冻。不同地势受冻程度不同：地势高，地下水位高，干旱的地方，果树不易受冻害；相反地势低洼，地下水位低，排水不良的地方冻害严重。栽培管理水平不同受冻程度不同：栽培管理水平高，修剪适中，后期控制浇水，能及时落叶，枝条粗壮的果树抗冻能

力强;栽培管理水平低,管理粗放,修剪过重,后期浇水次数多,延迟落叶,枝条徒长,不充实的果树抗冻能力差。落叶果树抵抗冻害的能力与树种和树龄有关,成年的苹果、李、梨临界冻害温度在－30 ℃左右,葡萄、桃、柿临界冻害温度在－20 ℃左右,这些果树中都有一些抗寒的品种其临界冻害温度要低得多。亚热带水果的抗冻能力要差得多,一般的柑橘品种在零下几摄氏度就会发生严重的冻害。

调查表明,幼树的受冻情况比成龄树严重,但接近衰老的树也易受冻;另外,从花芽受冻的总体情况看,徒长树的花芽受冻率高于中庸偏弱的树,长果枝的花芽受冻率高于中、短果枝,一般枝条上端的花芽受冻率少于中下部,背风的树花芽冻害轻于迎风坡,早、中熟品种花芽冻害较晚熟品种花芽冻害轻;同一品种,初果期花芽冻害相对较轻,接近衰老大树花芽冻害重(李疆等,2003)。此外,品种不同,同一植株的不同器官,抗寒力也存在明显差异。进入春季后气温逐渐回升,果树打破休眠,树液流动,花芽萌发,开始了新一年的生长。但春季气温的忽高忽低,特别是气温突然降至－4 ℃以下时常给果树花芽造成冻害,直接影响到产量。果树花芽冻害的发生因树种与品种的不同,果园所处地形、小环境气候不同,栽培管理水平不同,物候期不同而存在差异。不同树种间,以杏树花芽受害最重,桃、梨、核桃次之,苹果较轻;同一树种,品种不同冻害也存在显著差异。苹果中以红星冻害发生最重,嘎啦、滕木、夏利等早熟品种次之,富士受害较轻。一般在地势较高处栽培的果树花芽冻害轻于在平川栽培的果树,地势较低处的果园冻害最重。低温来临时,果树处于盛花期则冻害较重,果树处于始花期时冻害较轻。此外,一般树冠下部花芽冻害发生率明显高于树冠上部;结果枝高,通风透光好的果园冻害发生较轻(李卫伟,2012)。

(4)冻害空间分布具有很强的地域性

地形、地貌、下垫面地物状况、海拔高度等因素都直接影响到冻害的形成和强度。从大气环流形势分析,果树开花期处于冷暖空气交替出现的过渡阶段,冷空气活动频繁,极易遭受低温冻害危害。果树开花前,虽然冷空气势力强,但那时果树处于冬眠和萌动阶段,对外界温度条件不敏感,低温对果树不会造成明显影响和危害。因此,果树花期易发生冻害的时段一般在初花平均日期至终花平均日期(刘映宁 等,2010)。

1.1.2.2　低温冻害影响危害

新疆南疆盆地属典型的暖温带大陆性气候,夏季高温干燥少雨、光照充足,气温日较差大,地域广阔,具有发展林果生产得天独厚的自然条件。近年来,新疆的特色林果业发展迅速,自治区党委明确提出了“保障粮食安全,稳定棉花生产,大力发展特色林果业,加快发展畜牧业,做大做强特色产业”的农业发展战略目标,目前林果已成为各族农民增收的主要来源之一。然而,冻害对新疆林果生产的影响越来越严重。

2002 年冬至 2003 年春,我国北方红枣主产区的枣树受到低温、气温波动变化频繁及多雨雪等恶劣气象因素的影响,均不同程度地遭受了冻害,轻者萌芽开花期推迟、枣头生长异常、花果质量较差,重者发生主干基部冻裂、地上部分干枯死亡等现象,造成了极大的经济损失。2003 年冬季,哈密市遭遇了 1961 年以来的最为严重的一次冻害。该市以哈密大枣、杏为主要发展内容的特色林果产业遭受了严重的损失,当年全市红枣产量锐减 70%;杏花、芽受冻严重,当年基本没有产量;引进的库尔勒香梨正值结果盛期,整株全部冻死,哈密市基本无地产香梨。2006 年发生在环塔里木盆地周边绿洲的低温冻害,是自治区 1961 年以来最严重的一次气象灾害，其中和静县冬季由于气候异常，果树也遭受毁灭性冻害。据该县林业局 3 月 16 日对全县果树冻害情况进行的实地调查，全县各乡、镇除埋在地下的葡萄之外其他各种果树全部遭受了不同程度冻害，冻害面积达 1444 hm^2，受冻果树 1314382 株(不包括周边团场及驻县农牧场)，其中树体完全冻死率占 41%，树体主干冻伤率占 52%，其余的树体主枝冻伤，花芽死亡；喀什地区出现罕见的低温降雪过程，巴旦木遭受近 30 年来最重的冻害，仅在莎车县沿 315 国道以北至麦盖提县 45 团就有近千株冻死。根据喀什地区林业局冻害调查：全地区 7.23 万亩* 结果的巴旦木中，受害面积达 5.78 万亩，占总结果面积的 80%，造成减产 2892 t，巴旦木产业受到严重影响。2006 年、2007 年冬季，南疆巴州发生严重冻害，造成大面积杏树花芽冻死，枝条抽干，导致连续两年杏树减产，个别果园绝产，严重的引起大片杏树死亡(何峰江 等，2010)。2007—2009 年冬季，石河子及其周边地区种植的数万亩葡萄发生了比较严重的冻害，其中，莫索湾、下野地的葡萄地块冻害严重，冻害率达 100%。2010 年 12 月—2011 年 1 月，哈密地区出现罕见持续低温天气，致使枣树普遍遭受严重冻害。哈密地区枣树冻害面积达 1.5 万 hm^2，占哈密地区枣树种植面积的 70%左右，成龄枣树受冻面积达 0.5 万 hm^2，幼龄达 1.0 万 hm^2，冻害特别严重的达 1.2 万 hm^2，0.2 万 hm^2 梨枣、灰枣已全部截杆，其中 0.16 万 hm^2 新嫁接的枣树改造为哈密大枣，0.15 万 hm^2 哈密大枣树冠基本冻死，0.12 万 hm^2 哈密大枣从树干部分冻死，近 0.67 万 hm^2 哈密大枣受冻后截杆嫁接。2006—2008 年，阿克苏不同地区红枣平均冻害率为 65%～89%，红枣产业受到严重影响。低温冻害已成为制约新疆特色林果业发展的主要自然灾害。

1.2 低温冻害对林果生长发育的影响

1.2.1 低温冻害对果树形态特征的影响

1.2.1.1 对果树地上部分的影响

(1)冻害对果树枝干枝条的影响

破裂是果树枝干受到冻害的主要表现之一。当降温幅度较大时，果树枝干木质部和韧皮部受温度影响出现不同的张力，导致树皮与木质部分离，树皮开裂，树体残缺，甚至出现树皮外卷、果树形成层和皮层坏死，严重者导致果树死亡，对果农造成重大经济损失。生长较晚、发育不成熟的嫩枝，最易遭受冻害而干枯死亡，有些枝条外观看起来无变化但发芽迟，叶片瘦小或畸形。果树形成层最抗寒，其次是皮层，最后是木质部和髓部，当枝条发生冻害时多表现在髓部和木质部变褐，而后形成黑心，严重的冻害会伤害枝条的形成层，一旦枝条形成层受到冻害，则很难恢复。

(2)冻害对果树花芽的影响

花芽冻害常出现在早春，花芽解除休眠早，当气温开始上升，而后又出现霜冻时，就会发生冻害，与枝条和叶芽相比，果树的花芽抗寒能力相对较弱。随着花芽分化程度的增加，其抗寒能力逐渐下降。一旦花芽受到冻害，花器就会出现发育迟缓、畸形等，影响授粉和结果，对其剖解可见花芽内部变为褐色，严重时导致花芽干枯死亡。花蕾受冻时首先是雌蕊变褐、变黑干枯，其次是雄蕊，最后是花瓣，导致无法授粉结果。

* 1 亩=1/15 hm^2

(3)冻害对果树树杈的影响

树的其他部分并未受冻害,而树杈或三杈处的形成层、树皮和边材受冻,叫树杈伤害。这是因为骨干枝的基部叶片少,特别是在内侧和上侧,因此这一部分组织在冬季来临前尚未充分成熟。骨干枝越是直立,杈角越小,这部分受冻就越重。伤害可能从枝杈沿着大枝杈上升,受冻皮层会下陷或开裂,内部变褐死亡,严重时造成大枝死亡。茎干受冻,皮层变黑死亡,轻则局部发生,重则形成黑环包围干周,造成全树死亡。

(4)冻害对果树枝梢影响

枝梢冻害程度与枝条成熟状况有关,枝梢生长不充实的秋梢容易受冻。新梢受冻严重后,皮层变为褐色,自上而下脱水干枯;多年生枝受冻,常表现局部冻伤,但开始时不易发现,待树液流动后冻害部位下凹,局部组织死亡。如冻害轻,还可恢复生长,冻害重,整个枝条将枯死。

(5)冻害对果树根颈的影响

根颈是果树地上部分进入休眠最晚的部分,而且根颈距离地面较近,所以根颈一般很少受到冻害。根颈受到冻害大部分是小气候的变化引起的,当果树根部大量积水时,其受到冻害的概率显著增加。根颈是植物根系和枝叶连接的主要部分,一旦其受到冻害,往往导致果树的生长受阻,甚至导致其死亡。当根颈受到冻害时,可见受害部位皮层变黑,与其他部分有明显区别。

1.2.1.2 对果树地下部分的影响

冻害对果树地下部分即主要是对根系的影响。果树根系冻害一般多发生在深冬季节。由于根系主要生长在地下,加上土壤温度大多比空气高,所以根系与地上部分相比,其耐寒性相对较弱,且冻害也不易被发现,但对地上部分的影响非常显著,根系冻害一般多发生在形成层,其次是皮层。根系受冻后,如果大部分或全部冻死时,根系不能吸收和运输水分、养分,地上部依赖存储的营养物质仍可以生长一段时间,甚至能开花结果,但至树体存储的养分、水分耗尽时,则整株死亡,也有树体极度衰弱。

1.2.2 低温冻害对果树生理特性的影响

1.2.2.1 对光合呼吸的影响

光反应主要涉及光物理和光化学反应过程,不包括酶促反应,受温度的影响小,甚至不受;暗反应是一系列酶促反应,明显地受温度变化影响和制约。低温首先引起部分气孔关闭,二氧化碳供应不足,导致光合速率降低。冷害温度还直接影响叶绿体机构,类囊体膜结构受损,使叶绿体的活性降低,叶绿体能量受阻,反应中心得不到充足能量供应。

暗反应的各步骤均是在有关酶的参与下完成的,而低温能够降低酶的活性和限制酶促反应。低温冷害下,植物对光合作用产物的运输速度降低。光合产物不能及时外运,在叶肉细胞或叶绿体中积累,会反过来抑制光合作用。低温会增加呼吸作用,增加干物质的消耗。低温还会延续根系的生长和抑制水分的吸收,造成叶子水分亏缺和气孔关闭,这些都会影响光合作用,使光合作用的效率降低。

(1)对叶绿体的影响

叶绿体是进行光合作用的重要细胞器,绝大多数与光合作用有关的过程均在此发生,如光能的吸收、转化、传递、光能磷酸化、固定及还原等。叶绿体中含有叶绿素和类胡萝卜素,在逆境条件下，植物光合功能的降低往往与光合色素的变化有关。低温会直接影响叶绿体的亚显微结构、叶绿素含量、叶绿体类囊体膜的组分等光合系统的结构和活性。当植物处于低温逆境时叶绿体类囊体膜组分发生改变，生物膜透性增加，膜的流动性降低，细胞内自由基产生和清除的平衡遭到破坏，活性氧积累，阻碍叶绿素合成，直接导致叶绿素破坏降解。众多学者认为在低温环境中，叶绿素含量下降，耐寒性较强的材料具有较高的叶绿素含量，使其能维持正常光合作用，提供正常的能量，保持植物正常生长。低温时膜脂呈固体胶状，叶绿体的超微结构遭到破坏，类囊体膜中光合系统Ⅱ(PSⅡ)的电子传递受阻，主要抑制部位在其氧化侧，导致类囊体膨大变形。叶绿体中对提高作物抗寒性具有重要作用的淀粉颗粒消失，叶绿体合成受阻，甚至导致叶绿体瓦解，从而降低了叶绿体对光能的吸收利用。Kreyling(2009)研究表明，低温导致叶绿素含量下降。一方面是叶绿体色素合成酶活性降低，叶绿体合成受到抑制；另一方面叶绿体结构受损。此外，低温使植物体代谢缓慢，合成叶绿素的原料不足，造成叶绿素含量减少。叶绿素的数量减少导致原生质体的营养供给被破坏。

(2)光合特性的影响

低温对光合作用的破坏主要为活性氧导致叶绿体超微结构受损，引起气孔开闭失调或暗反应中的酶钝化。温度在0 ℃以下，会引起植物组织细胞结冰受冻害，光合作用停止。低温环境中植物利用光能的能力下降，较弱的光照也会对植物光合机构产生光抑制，被称为低温诱导光抑制或低温光抑制。低温几乎影响光合作用的所有主要环节，包括气孔导度、类囊体膜上的光合电子传递以及碳同化过程。低温下生长的植株光合能力很低，即使放置到适宜环境中进行恢复生长，其光合能力仍保持较低状态，从而对植物整体光合生产力造成不利影响。光合作用过程中净光合速率下降光补偿点降低是许多植物对低温逆境的生理响应。

(3)对光合作用中光化学反应的影响

低温对植物光化学反应的影响，一方面是由于长时间的低温，导致植物类囊体膜膜成分和结构发生改变，光合膜偶联蛋白的降解及合成的受阻导致光合膜的功能受到影响。另一方面，是通过影响暗反应过程而间接影响光化学反应的。低温胁迫下，卡尔文循环相关酶活性受到抑制造成 CO_2 同化速率的下降，细胞内合成代谢减缓。光反应向暗反应的能量流动受阻导致光合作用吸收的光能过剩，过剩的能量会造成植物光合机构的破坏，从而导致植物光合速率的下降。

(4)对光合产物的形成、运转与分配的影响

低温使类囊体膜上光合系统Ⅱ的光能传递效率和光能转换效率降低，从而导致 CO_2 同化能力降低。番茄低温胁迫处理显示，随处理时间延长，干物质积累量逐渐减少，同时光合产物的运转与分配受到抑制；短期低温，由于呼吸速率下降，酸性转化酶和中性转化酶、蔗糖合成酶和蔗糖磷酸合成酶活性均降低，光合产物运转受阻；同时蔗糖合成酶和蔗糖磷酸合成酶活性的下降导致番茄叶片中果糖和葡萄糖转化成蔗糖的能力下降；并且叶片中蔗糖向外转运减缓而使蔗糖大量积累，降低了果糖和葡萄糖向蔗糖合成方向的进程，从而使两者在“源”叶中积累。

(5)对净光合效率以及气孔导度的影响

低温对净光合效率以及气孔导度的影响，直接破坏光合作用进程。当植物受到低温胁迫程度较轻(温度相对较高或低温时间较短)的情况下，植物体内脱落酸含量升高，气孔关闭，阻力增加，CO_2 供应减少，表现为气孔限制。当植物受到胁迫程度较重(温度较低或低温时间较

长)时，植物叶片光化学结构被破坏，CO_2的利用受阻，表现为非气孔限制，致使光合色素所吸收的光能远超过其消耗而导致光合抑制，CO_2固定受限会加快光合抑制。

1.2.2.2　对抗寒生理的影响

(1)花器官与抗冻性

果树在开花坐果期及幼果膨大期，由于土壤表面、果树表面以及近地面空气层的温度降低，引起果树遭受冻害或者死亡的现象称为果树花期冻害。在果树花芽期，若遇冻害，花会迟开，花芽内部组织会发育不正常，从而影响后期的受精、坐果，冻害严重时花芽会脱落。对于开放的花，轻者花瓣、花丝、花药和雌蕊变褐变黑，重者子房变褐。对于一些高寒地区，果实成熟时还会发生霜冻，果实内结冰，冰溶化后，果肉呈水浸状，没有商品价值。王飞等(1999)研究表明，杏的枝、花芽、幼果彼此间的抗寒性显著相关，其抗寒性强弱的顺序是：枝花蕾盛开的花>幼果。幼果的抗寒性：果肉>胚。冯玉香等(1998)对梨的研究表明，柱头比子房更敏感，最不耐低温，它的褐变表示花朵开始受害。

(2)植物的形态与抗寒性的关系

郭修武等(1989)通过对葡萄根系的切片观察发现：抗寒的葡萄品种根系与不抗寒的品种相比较，表皮细胞小，组成髓射线的薄壁细胞小，导管细数量少，木质部所占的比例大，韧皮部所占的比例小，细胞体积小有利于水在细胞间移动，因而可以抑制细胞内结冰的扩大。Levitt(1979)的研究发现：组成髓射线的薄壁细胞具有很强的抗低温能力，能够抑制细胞内结冰。皮层的细胞壁软，结冰容易造成细胞壁变形，胀破细胞膜，木质部的细胞壁坚硬，不容易被扩大的结冰胀破。简令成等(1986)对栽培品种柑橘和野生种柑橘的叶片组织结构研究发现，组织结构的紧密程度与抗寒能力正相关。尹立荣等(1990)对葡萄的叶片和枝条结构研究发现：叶片的栅栏组织排列紧密且厚的，海面组织薄的抗寒性强。余文琴等(1995)对荔枝的抗寒性研究发现：细胞的紧密度与抗寒性成正相关。日本桃叶珊瑚的叶肉细胞排列疏松，细胞间隙大，这有利于防止细胞间结冰，因而具有很好的抗寒性(高述民 等，2003)。

(3)自由水及束缚水含量与抗寒性的关系

植物组织中的水分主要以两种状态存在，即自由水和束缚水。自由水不与原生质体紧密结合，可以自由移动，束缚水则相反。自由水和束缚水的相对含量可作为植物组织代谢活性和抗性强弱的重要指标。束缚水是细胞内亲水性大分子物质强行结合的水，对保证原生质体胶体稳定具重要作用。束缚水/自由水的值与抗寒性强弱有明显的相关性，比值越大的抗寒力越强。植物遭受冻害的主要原因是细胞内的水结冰，体积增大胀破了细胞膜，细胞内水的含量少有利于减少结冰的体积，起到了抑制结冰伤害的作用。

(4)细胞膜与植物抗寒性

植物原生质膜的存在为植物细胞提供了一个屏障，这个界面膜能使植物有效地截取环境引起的伤损，从而使细胞结构趋于高度有序，使一系列生理活动能正常进行，同时这个界面膜的稳定结构保证物质运转、能量交换和信息传递等一系列生物功能的实现。在维持细胞内外浓度差和主动传输方面也起着重要作用。生物膜受伤害主要是由于活性氧引起的膜脂过氧化，膜蛋白变性及膜脂流动性改变，造成膜相变和膜结构发生破坏。当植物处于临界低温以下时，质膜的功能受阻，导致细胞膜组分、透性、运输等受到影响，致使细胞内含物大量外渗，同时各种细胞器的内膜系统也会发生浓缩或破损现象，影响细胞的正常代谢，细胞不能维持其高度有序性结构而受害死亡,细胞的正常生理功能受到不同程度的破坏。

(5)细胞器与植物抗寒性

果树遭受低温胁迫时,机体会产生多种变化,各种细胞器也会随着温度的降低而发生一系列适应性变化。抗寒性不同的植物间液泡和细胞器存在着差异,抗寒性强的在低温锻炼过程中线粒体增加的速度更快,大量的线粒体有利于在逆境条件下营养的供给。抗寒品种的液泡小,在低温锻炼的过程中,抗寒品种的液泡也更容易变小。有研究发现:抗寒性强的蜜橘液泡有反卷现象,细胞膜将液泡分割成较小的区域,以减少细胞透水和冰冻失水及重新吸水引起的破坏作用,这有利于缓冲结冰体积的扩大对细胞膜的伤害(刘祖祺,1990)。国外有研究者通过电子显微镜观察低温锻炼的冬小麦叶肉细胞发现,高尔基体的形态发生了明显的变化,出现了小的突起(Griffith et al. ,2005)。

(6)可溶性糖与植物抗寒性

可溶性糖在植物的抗寒生理中起到了提高细胞渗透浓度的作用,通过降低水势吸水,降低了冰点。同时糖还作为保护剂对原生质体,线粒体,及膜表面的酶都有保护作用,糖浓度的提高可减缓细胞质脱水,保护细胞中的胶体不会遇水凝固,可溶性糖的积累最直接的作用是抵抗结冰对生物膜的伤害。可溶性糖提高植物抗寒性主要在三个方面起作用,即通过提高细胞液的浓度提高细胞的保水能力,增强细胞液的流动性,维持细胞膜在低温胁迫下的正常功能。简令成等(1994)对越冬的小麦检测发现,在秋末冬初的时候,糖的含量与抗寒性正相关,在寒冬中糖的含量维持稳定,甚至下降。王淑杰等(1996)对葡萄的抗寒性研究发现,抗寒性强的品种可溶性糖的含量比抗寒性弱的品种高,在低温锻炼过程中,抗寒性强的品种和抗寒性弱的品种可溶性糖的含量均增加,只是抗寒性强的品种增加幅度大。张基德等(2004)研究发现,不同品种梨枝条内可溶性糖的含量随着温度的变化而呈规律性的变化,即在温度最低时可溶性糖含量达到最高,随着温度升高其含量也在降低,抗寒性不同的品种间变化的幅度也不同。大量实验证实了,可溶性糖的含量与抗寒性正相关(王淑杰 等,1996)。植物体内糖的含量与淀粉的含量存在着动态平衡,低温胁迫下,淀粉转化成糖,糖的浓度提高使细胞液浓度升高,降低了水势,遏制了水分外渗,减轻了结冰对细胞膜的伤害。

(7)细胞抗氧化能力与植物抗寒性

植物遭受低温胁迫的主要特征是活性氧代谢的失调。细胞内活性氧的大量积累而使细胞受到了氧胁迫,使细胞内活性氧的产生与清除平衡遭到破坏,从而使膜脂中不饱和脂肪酸发生过氧化作用,造成膜系统结构和功能的损伤,严重时引起整个细胞膜系统结构的破坏和解体。处于低温下的植物并不是被动承受伤害,而是主动的调节适应。正是对这种逆境的不断适应过程,使生物体在长期的进化过程中形成了完善和复杂的酶类,如过氧化氢酶(catalase from micrococcus lysodeikticus,CAT),超氧化物歧化酶(superoxide dismutase,SOD),过氧化物酶(peroxidase,POD),谷胱甘肽还原酶(glutathione reductase,GR)。但是抗氧化系统也只在一定的低温范围内起作用,当温度继续下降或低温持续时间延长,活性氧、自由基产生会明显增加,而清除量下降,导致自由基积累,使膜脂过氧化,破坏膜结构功能,造成细胞伤害。

(8)活性氧与植物抗寒性

植物在遭受逆境胁迫时,组织内产生大量的活性氧,从而对植物产生伤害,植物为了减缓这种伤害,在长期的进化过程中,形成了一套保护体系,包括酶促反应和非酶促反应。它们联合行动使具有潜在危险的超氧自由基和过氧化氢变成水和氧，从而减轻了超氧自由基和过氧化氢对细胞的伤害。张永泉等(2010)认为，不同花器官中酶活性存在差异，说明花器官对低温有不同的敏感度。酶活性的变化趋势及幅度与杏花抗寒性呈正相关，即抗寒性强的品种酶活性高，抗寒性弱的品种酶活性较低，也有研究发现，与其他大多数抗寒性测定指标没有相关性。

(9)脯氨酸与植物的抗寒性

植物处于低温胁迫时，游离脯氨酸可使植物具有一定的抗性和保护作用，它能维持细胞结构、细胞运输和调节渗透压等，植物的抗寒性与脯氨酸含量存在相关性(王小华 等，2008)。植物受低温胁迫时，脯氨酸的增加有助于细胞或组织的保水，同时还可作为碳水化合物的来源之一及酶和细胞结构的保护剂。脯氨酸提高植株耐胁迫的功能可能是通过保护植物线粒体电子传递链，增加保护蛋白、抗氧化酶、泛素及脱水素等保护性物质的含量，并启动相应的抗胁迫代谢途径而实现的。

(10)可溶性蛋白与抗寒性

可溶性蛋白的亲水能力强，有利于细胞的保水，有些可溶性蛋白可以通过调控基因的表达，提高植物的抗寒性。大量的研究证实了可溶性蛋白与植物的抗寒性关系密切，抗寒性强的品种可溶性蛋白含量高，抗寒性弱的可溶性蛋白含量低，可溶性蛋白与抗寒性具有相关性，在抗寒锻炼中，桃、葡萄和香蕉的研究中表明抗寒性强的品种较抗寒性弱的品种可溶性蛋白含量增加幅度大，抗寒性强的蛋白质形成早、含量高、幅度小、降解迟，抗寒性弱的品种正好相反。

(11)内源激素与抗寒性

脱落酸是一种胁迫激素，它主要通过关闭气孔、降低叶片蒸腾速率来保持组织内的水分平衡，以及促进根系吸水与溢泌速率等提高植物的抗寒力。Mattheis 等(1990)认为，脱落酸是基因表达的启动因子，脱落酸能引起植物基因表达的改变以达到抗寒作用。在温暖的非驯化温度下，外源施用 ABA 也可以增强某些经过冷驯化植物种类的抗寒性。

植物激素中脱落酸、赤霉素被认为是植物抗寒基因表达的启动因素。脱落酸在维持细胞膜的结构和保护附着在生物膜上的酶都有重要作用。赵春江等(2000)对四个抗寒性不同的小麦品种内源激素分析发现，抗寒性强的品种脱落酸含量高于抗寒性弱的品种。严寒静等(2005)在研究柑橘叶片激素得出类似的结论：柑橘在抗寒性提高的同时脱落酸含量也在升高。

(12)碳水化合物与抗寒性

果树内可利用的碳水化合物主要为淀粉、半纤维素及各种糖类，淀粉在抗寒锻炼中可逐渐积累，冬季水解，且在超低温下抗寒性强的品种较抗寒性弱的品种水解更彻底。在对葡萄的研究中，淀粉与抗寒性的关系表明越冬过程中淀粉含量与抗寒性有着密切的关系，抗寒性强的品种在抗寒锻炼中淀粉积累早且数量多，颗粒紧实致密，冬季低温降临时，淀粉水解晚、水解速度快、彻底。抗寒性弱的品种则相反。

(13)细胞液浓度与植物抗寒性

细胞液与抗冻性密切相关，主要是细胞液浓度反映细胞内含物与水分比例的关系，细胞浓度越高，可溶性糖浓度越高，蛋白质也高，细胞内的束缚水也就越高，自由水浓度相对就较低，抗寒性就越强，因而果树品种间抗冻性的强弱与细胞液浓度高低是一致的。在不同温度下，细胞液浓度的变幅也与抗冻能力有关，变幅越大，说明细胞自身调节水分状况和调节预防低温保护性物质的能力越强，抗寒能力越强。细胞内可溶性糖多时，可使细胞内渗透压增大，保水力增强，而且，糖还具有保护蛋白质避免低温所引起的凝固作用。研究表明，秋冬季节茶树叶片由于含糖量增加，渗透压呈上升趋势，而抗寒性强的品种增势更为明显。

(14)保护酶系统与抗冻性

植物在遭受逆境胁迫时，组织内产生大量的活性氧，从而对植物产生伤害，植物为了减缓这种伤害，在长期的进化过程中，形成了一套保护体系，包括酶促反应和非酶促反应。过氧化物酶类对活性氧直接起作用，是活性氧的第一道门滥，是生物体内特异清除超氧阴离子自由基的酶，存在于所有的植物细胞(主要存在于过氧化体中)中，它可迅速分解为生物体中两种最有效的抗氧化酶。它们联合行动使具有潜在危险的超氧自由基和过氧化氢变成水和氧，从而减轻了超氧自由基和过氧化氢对细胞的伤害。过氧化酶的活性较高，是清除活性氧的保护酶之一，但有不少研究表明，在一些干旱胁迫中，在后期表现为伤害效应。张永泉等(2010)认为，不同花器官中酶活性存在差异，说明花器官对低温有不同的敏感度。在杏中，酶活性的变化趋势及幅度与杏花抗寒性呈正相关，即抗寒性强的品种酶活性高，抗寒性弱的品种酶活性较低。

(15)膜系统与抗寒性关系

大量研究表明：膜脂脂肪酸的成分和含量与膜脂的相变温度密切相关，不饱和脂肪酸的含量越高，膜脂相变的温度越低。张红等(1994)对黄瓜幼苗的抗寒性研究发现，喷施抗寒剂的黄瓜幼苗，在低温胁迫下线粒体膜保持稳定状态，质膜束缚酶的活性没有明显降低，膜的渗透性也保持稳定，说明了膜的冷稳定有利于植物抵御寒冷。(熊炳平 等，2022)对常春藤的研究发现，温室内的常春藤与温室外的相比较，露天的常春藤不饱和磷脂和不饱和脂肪酸含量更高，露天的抗寒能力也明显强于温室内栽培的常春藤。不同抗寒性的龙眼、荔枝的膜脂肪酸含量和组成成分有较大差异，抗寒性强的品种不饱和脂肪酸的百分含量高，不饱和指数也大，不饱和脂肪酸中亚麻酸、油酸、亚油酸的比值与抗寒性关系密切(余文琴 等，1995)。孙中海等(1990)在研究柑橘生物膜组分与抗寒性的关系发现，抗寒性强的品种其生物膜中磷脂含量较不抗寒的品种高，亚麻酸、亚油酸、棕榈酸和脂膜酸与抗寒性呈正相关，磷脂酰、磷脂酰胆碱、乙酰胺、磷脂酸和溶血磷脂酰胆碱与抗寒性负相关。冬季低温时植物的叶片，枝条韧皮部，叶绿体等的不饱和脂肪酸含量均与抗寒性正相关，种子中亚麻酸/亚油酸的值与抗寒性正相关。刘祖祺等(1993)对白杨树皮全年的磷脂含量与组分的测量结果表明：磷脂含量与温度及抗寒性呈平行关系，在冬季不仅含量高，而且稳定。低温促进脂膜中磷脂的含量增加，其中以磷脂酸胆碱的增加量最大，磷脂酰乙醇胺只有少量的增加，其他的磷脂变化不大。刘艳等(2002)对梨枝条的膜脂脂肪酸研究发现，冬季脂肪酸和类脂的积累与抗寒性有直接关系，抗寒品种的脂肪酸和类脂物质含量明显高于不抗寒的品种，在温度降到零摄氏度以下，脂类物质向形成层聚集，这种聚集作用有利于阻止细胞内水分向细胞外渗透，防止细胞大量脱水，细胞间隙结冰扩大。有研究还表明，温带植物与热带植物相比抗寒性强的主要原因之一是膜脂不饱和脂肪酸的含量高，抗寒性强的品种不饱和脂肪酸含量也要高于抗寒性弱的品种，经过抗冷锻炼后，植物的不饱和脂肪酸含量明显升高，膜的相变温度也降低了，抗冻能力增强。

(16)保护性酶与植物抗寒性的关系

生物膜的表面附着多种保护性酶，有研究表明，这些酶与抗寒性有着直接的关系。具体表现在随着温度降低，酶的活性升高，抗寒性强的品种酶的活性高于抗寒性弱的品种，低温锻炼可以降低这些酶的活性，但是抗寒性强的品种降低的幅度比抗寒性弱的品种幅度小。1 年生杏苗中抗寒性强的品种在低温胁迫的条件下酶的活性要高于抗寒性弱的品种，同时其体内的氧自由基积累量也要少(陈钰 等，2007)。也有研究者的结论稍有差异，在低温胁迫条件下酶活性减弱，活性氧大量积累，造成对膜和生物大分子的破坏，脱氧核糖核酸的空间结构被破坏，无法正常控制合成蛋白质，进而造成了代谢失调和细胞死亡。大量研究表明，低温胁迫下酶的活性先升高后降低，也有部分不耐寒的植物呈现一直降低的趋势。

1.3　林果低温冻害关键气象影响因子

果树冻害的研究多着重于受冻情况和经济损失调查、温度及栽培措施等冻害成因分析、果树越冬防护措施建议等几个方面。冬季低温冻害是新疆特色林果安全生产的关键限制因子，果树往往因强低温天气过程遭受严重损失。研究表明(杨凤军 等，2003)影响果树冻害的原因很多，除品种抗寒性的差异等以外气象条件是造成冻害的直接原因。低温来临早、持续时间长、绝对温度低、温度波动剧烈、早春冻融交替及干旱等都会加重冻害；解冻后果树受冻组织能否恢复以及受伤害的严重程度，取决于包括农业气象条件在内的许多因素，每年寒潮侵入的时间、强度、持续时间及当时气象上的综合特点，都是造成不同程度冻害的原因。因此，利用林果小气候观测系统和自动气象站进行果园内、外与果树越冬冻害实时监测；通过灾害调查及历史灾情资料分析，建立最低气温数据库，分析灾害天气过程，研究冻害发生类型、持续时间、降温强度和降水等，确定关键气象影响因子，对开展精细化监测预警服务具有重要的指导意义。

1.3.1　果树低温冻害与气象条件的关系

1.3.1.1　果树低温冻害气象成因分析

红枣、核桃和香梨等都是新疆的特色果树，而这些果树的耐低温能力都十分有限。研究表明，影响果树冻害的主要气象因子有极端最低气温、低温持续时间、日平均气温、降水等(李战鸿 等，2006；蔡文华 等，2008；柴芋 等，2010)。温度是影响植物生长和发育的重要因素，温度高于或低于一定程度植物将受害(李健 等，2008)，红枣幼树在－22 ℃就有可能受冻，杏、香梨、苹果、桃等果树虽然冬季耐绝对低温的能力较强，但叶、花芽却常常遭受早春晚霜的危害，往往在－2～－1 ℃时就会出现冻害(孟庆瑞 等，2008)。2008 年 4 月 17—21 日寒潮天气，全疆 18 站为暴雪，气温骤降，极端最低气温均降至－2 ℃以下且 0 ℃以下低温维持时间超过 3 d。整个南疆和哈密、吐鲁番地区果树受冻面积 4.67 万 hm^2，造成直接经济损失达 7 亿元。冬季气温变化激烈，短时间内温度大幅回升，会导致果树抗寒力的迅速下降，加上日较差大往往树体枝干会受冻。另外，地面积雪覆盖会加重冻害，雪面气温比裸露地面气温低 3～7 ℃(李凤云 等，2010)。研究表明(尹忠岭 等，2009)，冬季积雪增大地面反射率，降温幅度较大，天气转晴后，在热力作用下，水汽蒸发使空气湿度增大形成局地阴雪天气，果树上形成雾凇，使气温难以回升且低温维持时间长，从而容易造成果树枝芽受冻。低温持续时间是影响果树冻害程度的重要因素之一，当气温下降到果树的临界温度时，低温持续时间愈长冻害愈严重。

1.3.1.2 果树低温冻害气象指标研究

根据种植代表县县站的1971—2011年极端最低气温资料，王景红等(2012)确定了陕西苹果越冬期冻害分级气象指标，最低气温为−24～−20 ℃时发生轻度冻害，最低气温为−28～−24 ℃时发生中度冻害，最低气温低于−28 ℃时产生重度冻害。柏秦凤等(2013)在此基础上利用地理信息系统制作陕西苹果越冬冻害风险分布图，为合理种植提供依据。张永平等(2010)研究发现，当最冷月平均气温在3 ℃，极端最低气温在−9～−7 ℃，温州柑橘会出现轻度或中度冻害，当最冷月平均温度在1.5 ℃以下，极端气温低于−10 ℃时，柑橘树会出现冻死的严重冻害。郑小琴等(2009)根据1960—2007年气温观测资料和灾情分析得出台湾软枝杨桃在福建漳州市安全越冬的临界温度为5 ℃，3～5 ℃为轻度冻害，2～3 ℃为中度冻害，0～2 ℃为重度冻害，当温度低于0 ℃或0～1 ℃伴有6 d以上的霜时为严重冻害，当温度低于−2 ℃时为整株致死冻害。蔡文华等(2009)根据多年低温资料，利用二元方程对冻害级别和最低气温进行拟合，得出福建龙眼树冬季越冬冻害最低气温按冻害等级依次为−0.2 ℃(无冻害)、−1.6 ℃(轻度)、−2.6 ℃(中度)、−3.3 ℃(重度)和−3.5 ℃(严重)；得出福建荔枝树越冬冻害气象指标按冻害等级依次为−0.3 ℃(无冻害)、−1.9 ℃(轻度)、−3.1 ℃(中度)、−3.8 ℃(重度)和−4.1 ℃(严重)。谭宗琨等(2014)根据多年冬季极端最低气温、临界低温持续天数等气象因子给出甘蔗越冬冻害的气象指标，指出平流型寒冻天气过程中4 ℃为冻害临界温度，当气温低于4 ℃并持续4 d以上时出现轻度冻害，当气温低于−0.4 ℃，气温低于4 ℃天数持续20 d以上时出现中度冻害，当气温低于−0.8 ℃，日最低气温在4 ℃及以下天数持续25 d以上时出现重度冻害。魏天军(2009)通过对宁夏枣树冻害年气象条件的调查发现持续降雪、持续低温和冰冻天气是造成越冬冻害的主要原因。

1.3.2 果园内外温度差异与气象站气象因子的关系

目前，大多数研究成果均是以现有气象台站观测资料进行果树冻害影响评价和成因分析。而大部分气象站处于城镇或城郊接合部，其观测环境已发生了逐步的变化，气象站监测数据也会受到不同因素如城市热岛效应等的影响。进行果园冻害监测预警和影响评估时，若直接应用气象站温度数据，必然与果园实况存在差异，进而影响果树冻害发生临界温度的判断。

果园冬季气温比气象站温度偏低已是不争的事实，不同果树不同地理环境下气温变化趋势有所不同。开展红枣、核桃果园冬季温度实时连续观测，在分析果园内外气温变化及其与气象站温度差异的基础上，建立果园温度与气象站温度的关系模型，为利用气象台站资料构建果树越冬冻害监测预警指标提供科学依据。

1.3.2.1 研究区概况及资料方法

观测试验布点为阿克苏地区著名的红旗坡农场(41°16′N，80°18′E，海拔高度1169 m)，属于暖温带干旱型气候，降水稀少、蒸发量大、气候干燥，光热资源丰富，适宜于特色林果业的发展，大风、沙尘、低温冻害是其主要自然灾害。

选择长势、树龄、管理水平基本一致且相邻的3处红枣、核桃果园，监测点位于每处果园中心位置安装果园小气候仪(观测要素空气温湿度、风速风向)，观测高度1.5 m，监测果园内部温度(称为果园内部微环境)变化。

果园外部选择与两侧果园相距 10 m 的空旷地带，与果园中心位置平行安装温湿度记录仪(EI-USB-2 型，英国 LASCAR，附防辐射装置)，连续观测 1.5 m 高度果园外部气象因子(称为果园小气候)。所有记录仪统一设置启动，记录间隔均为 30 min，观测时间为 2009—2017 年每年 12 月—翌年 2 月。同期气象资料来源于阿克苏市气象局(41°10′N，80°14′E，海拔高度 1104 m)，仪器安装布设见图 1.1。

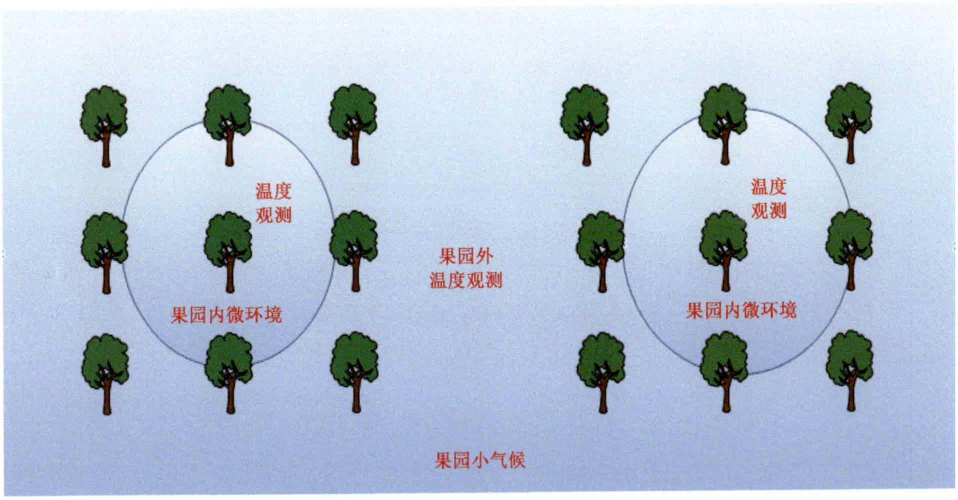

图 1.1　果园小气候仪器安装布设

气象要素选择月平均气温和月极端最低气温。以 12 月—翌年 2 月作为冬季，冬季平均气温为 12 月、1 月、2 月平均值，以 12 月—翌年 2 月的极端最低气温为冬季极端最低气温，日变化为 2009—2015 年冬季日平均气温。利用 SPSS13.0 进行相关、线性与曲线回归统计分析。以红枣果园为例进行阐述。

1.3.2.2　果园内外与气象站气温日变化差异

果园内、外与气象站冬季平均气温日变化趋势基本一致(图 1.2)，呈现完全相同的峰顶、峰谷。果园内日平均气温与果园外平均气温比较接近，分别为 −5.5 ℃、−5.6 ℃，二者之间差异不显著。气象站日平均气温显著高于果园内外气温($P<0.01$)，果园小气候的形成对日平均气温存在明显影响，比果园内、外日平均气温分别高 1.2 ℃、1.3 ℃。

1.3.2.3　果园内外与气象站日最低气温变化差异

统计分析结果表明，红枣果园内、外与气象站日最低气温之间均存在显著差异($P<0.05$)，冬季日最低气温变化趋势基本一致(图 1.3)。气象站日最低气温显著高于果园内、外最低气温，平均分别偏高 1.5 ℃、2.7 ℃。果园内部有形成微环境，日最低气温比果园外部偏高 1.2 ℃，二者之间差异显著($P<0.05$)。

1.3.2.4　果园温度与气象站温度的关系分析

根据红枣果园内、外与气象站冬季日平均气温、日最低温度变化数据序列，应用线性和曲线回归方法建立果园内、外气温与气象站气温变化关系模型(表 1.1，图 1.4)。

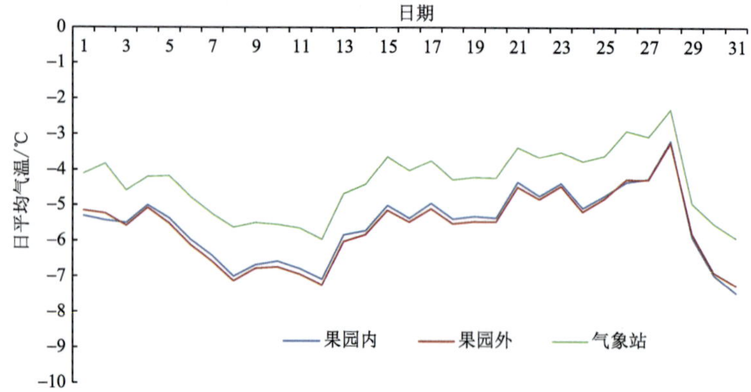

图 1.2　冬季日平均气温的变化

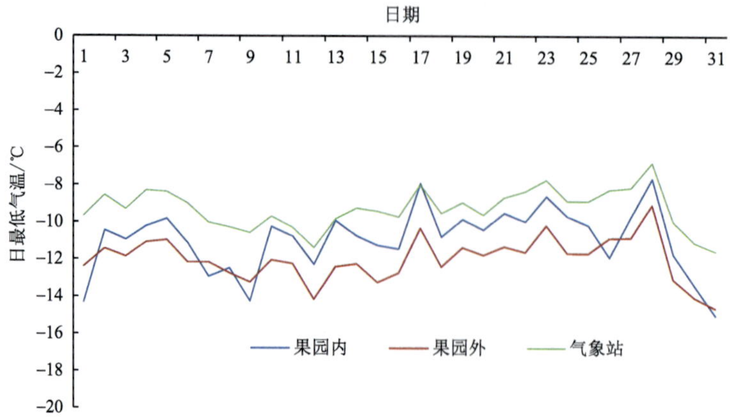

图 1.3　冬季日最低气温的变化

表 1.1　气象站与果园内、外气温变化的关系模型

气温	位置	关系模型	相关系数	R^2	绝对误差
日平均气温	果园内	$y=1.0065x-1.1420$	0.995	0.9899	0.280
	果园外	$y=1.0155x-1.1799$	0.999	0.9909	0.268
日最低气温	果园内	$y=1.1127x-1.4245$	0.897	0.9584	0.776
	果园外	$y=1.0517x-2.4092$	0.839	0.9565	0.570

注：x 表示气象站日平均气温或日最低气温，y 表示果园内、外日平均气温或日最低气温。

相关分析结果表明，果园内外日平均气温、日最低气温与气象站温度变化存在显著相关（$P<0.01$，表 1），各相关系数均在 0.839 以上，说明气象站与果园内外气温变化具有较好的一致性，通过气象站气温变化解释果园内外气温差异比较可行。

1.3.2.5　结论

利用红枣果园冬季实测温度，对比分析了果园内外气温变化及其与气象站温度的差异，并建立了果园与气象站温度变化关系模型。

(1)冬季红枣和核桃果园内、果园外的日平均气温、月平均气温、冬季平均气温差异不显

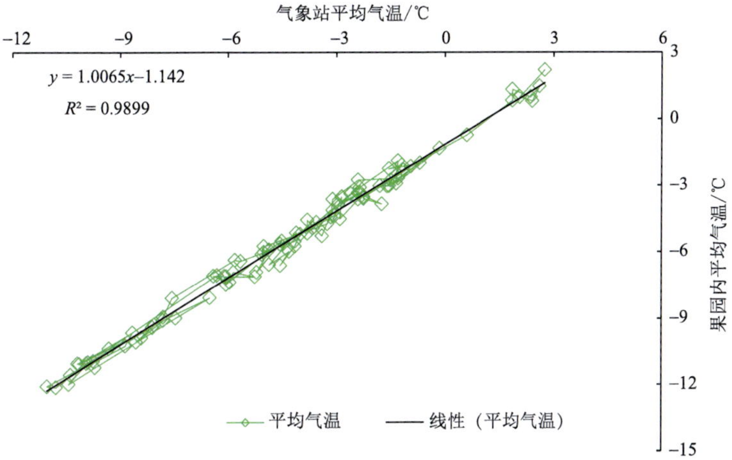

图 1.4　果园内与气象站气温的相关关系

著，变化趋势基本一致，平均相差 0.1 ℃。果园内日最低气温、冬季平均最低气温、冬季极端低温比果园外平均偏高 1.2 ℃、1.3 ℃、1.2 ℃；12 月、1 月、2 月极端低温分别偏高 1.7 ℃、1.2 ℃、0.9 ℃。果园内、外最低气温变化存在显著差异（$P<0.05$），果园小气候的形成显著影响果园内、外极端低温的差异变化，对平均气温的影响不明显。

(2)冬季气象站日平均气温、月平均气温、冬季平均气温与果园内、外气温变化存在显著差异（$P<0.01$），比果园内、外分别偏高 1.2 ℃和 1.3 ℃；但气温日变化、月变化趋势比较一致，呈现完全相同的峰顶、峰谷。

(3)最低气温的差异变化幅度大于平均气温的差异，气象站日最低气温比果园内外分别偏高 1.5 ℃、2.7 ℃，冬季平均最低气温偏高 1.3 ℃、2.5 ℃，冬季极端低温偏高 1.4 ℃、2.7 ℃。果园小气候极端低温低于气象站环境最低温度，气象站冬季 12 月极端低温分别比果园内、外偏高 1.9 ℃、3.6 ℃，1 月偏高 1.6 ℃、3.2 ℃，2 月偏高 2.0 ℃、3.0 ℃；但极端低温出现的时间基本一致。

(4)果园内外日平均气温、日最低气温与气象站温度变化存在显著相关（$P<0.01$），变化趋势具有较好的一致性。气象站与果园内、外的日平均气温和日最低气温关系模型均通过显著性水平检验，具有较强的解释能力，历史检验绝对误差为 0.3～0.8 ℃，通过气象站气温变化反映果园内外实际气温差异比较可行。

第 2 章
红　枣

2.1　关键气象影响因子分析

红枣是阿克苏地区著名的特色林果。利用该区 1961—2013 年冬季气象资料及相应年份时期的冻害发生情况，进行对比分析，建立该区 1961—2013 年 50 年来冬季各月(12 月—翌年 2 月)最低气温数据库，计算逐日平均最低气温、各月极端最低气温和冬季平均气温、降水等，研究冻害界限温度，确定越冬冻害关键气象影响因子。

气象资料用阿克苏市气象局本站资料，冻害灾情资料来自阿克苏农业局、林业局和《中国气象灾害大典・新疆卷》(史玉光，2006)。气象要素常年值取 1961—2013 年的统计值，四季划分采用气象划分法以公历 3—5 月为春季，6—8 月为夏季，9—11 月为秋季，12 月—翌年 2 月为冬季。

2.1.1　极端最低气温

从阿克苏市 1961—2013 年冬季极端最低气温变化(图 2.1)可以看出，1 月极端最低气温低于－20 ℃的年份 1966 年、1968 年、1969 年、1974 年、1976 年、1977 年、1984 年、1991 年、1994 年、2002 年、2005 年、2007 年、2011 年和 2008 年共 14 a，其中还有 5 a 低于－22 ℃，这些年都有不同程度的果树冻害发生。如 1966 年 12 月 28 日—1967 年 1 月 5 日出现了－26.8～－22.5 ℃极端低温(极端最低气温历史极值为－27.6 ℃)；1970 年和 1977 年分别出现了－24.9 ℃和－25.2 ℃的低温。2008 年 1 月 29—2 月 3 日，阿克苏出现了－22.9～－21.3 ℃的持续低温天气，红枣和核桃均遭受严重冻害，部分枝条和花芽全部冻死，造成次年红枣大幅度减产。

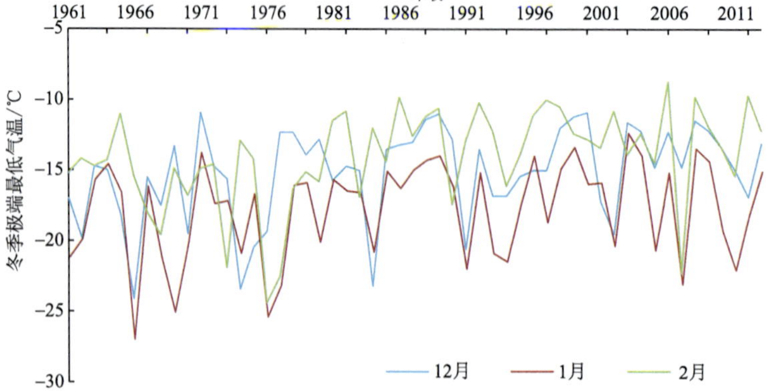

图 2.1　阿克苏市 1961—2013 年冬季极端最低气温变化

阿克苏市 12 月和 2 月极端最低气温低于 −20 ℃的年份均有 5 年，1966 年 12 月 28 日—31 日低温达到 −24.1 ℃，1977 年 2 月 1 日低至 −24.4 ℃。结合 50 年来（1961—2013 年）冻害发生年最低气温的变化（图 2.1），得出阿克苏市红枣和核桃越冬冻害最低气温指标（表 2.1）。

表 2.1　阿克苏市红枣和核桃越冬冻害最低气温指标

指标	无冻害	轻度冻害	中度冻害	重度冻害
极端最低气温/℃	≥−20	−22～−20	−24～−22	<−24

2.1.2　低温持续时间

2007 年和 2011 年冬季阿克苏地区红枣和核桃均遭受了低温冻害（图 2.2），2007 年 12 月至 2008 年 2 月，阿克苏市气候总体呈低温冷湿特征；2008 年 1 月 29 日—2 月 3 日出现强降温、持续低温天气，最低气温达 −23 ℃，低于 −20 ℃的低温持续时间为 7 d，低于 −22 ℃时间持续 2 d。50 多年来，1966 年阿克苏市果树冻害最严重，极端最低气温为 −26.8 ℃，低于 −20 ℃的低温持续时间为 24 d，低于 −22 ℃、−24 ℃持续时间最长，分别为 21 d 和 6 d；其次是 1974 年和 1984 年冬季。气温持续偏低、低温持续时间较长，果树越冬冻害越严重。

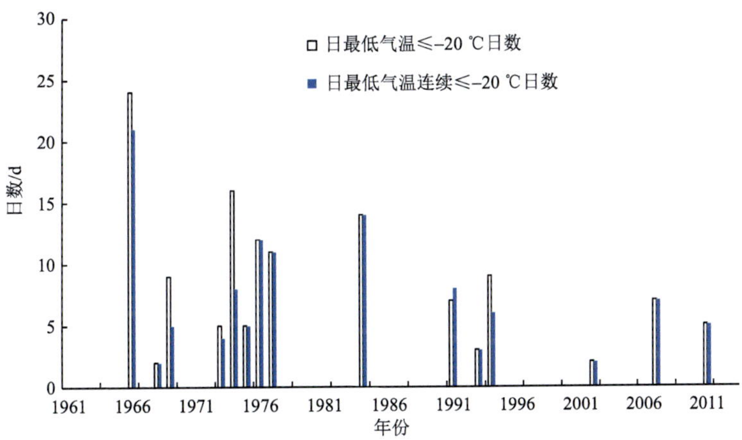

图 2.2　阿克苏市 1961—2013 年冬季最低气温连续≤−20 ℃日数

2.1.3　平均气温及降水

温度是影响植物生长和发育的重要因素，温度高于或低于一定程度植物将受害。从图 2.3 可以看出，冻害发生年冬季 1 月平均气温呈负距平，12 月和 2 月的变化趋势略有不同；但整个冬季各年均呈负距平。1966 年 1 月平均气温降至 −14.9 ℃，较常年同期偏低 7.0 ℃；1974 年 12 月平均气温比常年同期偏低 7.5 ℃，1977 年 2 月偏低 5.2 ℃，若冬季气温较常年偏低且变幅大容易引起果树皮层细胞水分冻结，以致果树受害。

冬季气温变化剧烈，短时间内温度大幅回升，会导致果树抗寒力的迅速下降，加上日较差大往往树体枝干会受冻。另外，地面积雪覆盖会加重冻害，雪面气温比裸露地面气温低 3～7 ℃。

2006 年 1 月 1—7 日、1 月 17—25 日莎车县出现连续降雪天气，以小到中雪为主；这次降雪强度大、持续时间长，致使阿克苏市 1 月份降水量达 10.8 mm，较常年同期异常偏多 9.0 mm。2008 年 1 月 18—22 日、25—28 日连续出现小到中雪的天气，1 月份降水量达

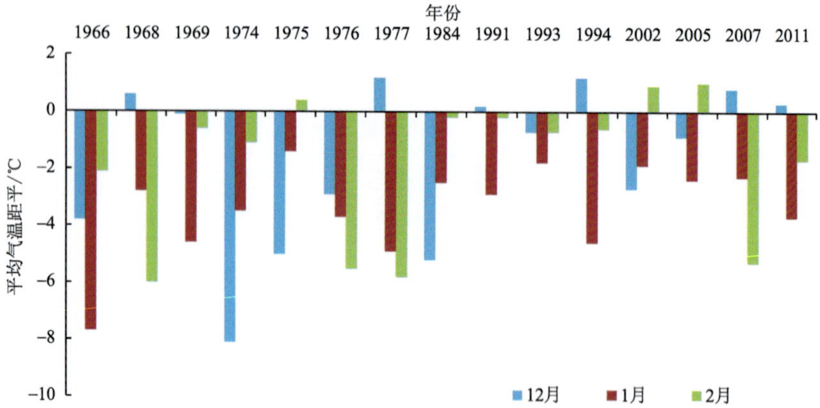

图 2.3 冻害发生年冬季各月平均气温距平

9.2 mm，较常年同期偏多 7.4 mm；2 月 23 日出现降水量 5.8 mm，日积雪深度达 8.0 mm。

红枣花芽多是 4 月份开始分化和开花，冬季花芽尚未形成，不存在冬季花芽受冻问题。1 月份核桃树正处于深度休眠期，又有积雪覆盖，阿克苏地区出现核桃花芽、部分枝条受冻干枯、树皮开裂。从图 2.4 可以看出，20 世纪 90 年代以后阿克苏市冻害发生年冬季各月均有明显降水出现，1991 年、1994 年、2002 年、2005 年、2007 年、2011 年冬季降水均为正距平，其中 2006 年 1 月份比多年平均值高 9.0 mm。

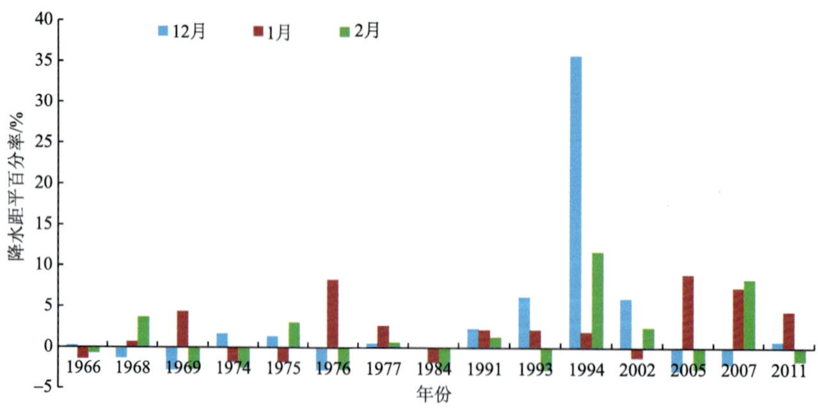

图 2.4 冻害发生年冬季各月降水距平

2.1.4 关键气象影响因子

对 1961—2013 年冻害发生年冬季阿克苏的各项气象要素值进行了统计(表 2.2)，可将 −20 ℃作为阿克苏地区果树发生冻害的界限温度。低温及低温持续时间是影响果树冻害发生的关键气象因子，分析冻害发生年天气过程可将冻害分为低温干冷型(Ⅰ型——降温剧烈、天气转晴快，日较差大)、低温湿冷型(Ⅱ型——持续降水、低温强度不大)、持续低温型(Ⅲ型——日平均气温、日最低气温持续偏低)、骤然降温型(Ⅳ型——骤然降温、降温幅度大、日最低气温下降至冻害临界温度)、骤然升温型(Ⅴ型——低温天气后骤然升温)。

表 2.2 阿克苏历史冻害发生年冬季气象因素的变化

冻害发生年	1966/1967	1968/1969	1969/1970	1974/1975	1975/1976	1976/1977	1977/1978	1984/1985	1991/1992	1993/1994	1994/1995	2002/2003	2005/2006	2007/2008	2011/2012
冬季平均气温/℃	−9.1	−7.3	−6.3	−8.8	−6.5	−8.6	−7.7	−7.2	−5.5	−5.6	−5.9	−5.8	−5.3	−6.8	−6.2
日最低气温≤−20 ℃的天数/d	24	2	9	16	5	12	11	14	7	3	9	2	2	7	5
冬季极端最低气温/℃	−26.8	−21.0	−24.9	−23.4	−20.4	−25.2	−23	−23.2	−21.8	−20.7	−21.3	−20.2	−20.5	−22.9	−21.9
冬季降水量/mm	5.5	10.4	6.2	4.7	10	10.1	11.3	2.8	13.2	13.1	56.8	14.7	10.9	21.1	11.0
降温持续天数/d	16	2	5	8	5	7	7	10	7	3	6	2	2	7	5
日最低气温连续≤−20 ℃天数/d	21	2	5	8	5	12	11	14	8	3	6	2	2	7	5
日最低气温连续≤−21 ℃天数/d	21	1	5	6	0	8	10	9	2	0	0	0	0	6	1
日最低气温连续≤−22 ℃天数/d	21	0	4	6	0	4	2	6	0	0	0	0	0	2	0
日最低气温连续≤−23 ℃天数/d	10	0	2	2	0	4	1	1	0	0	0	0	0	1	0
日最低气温连续≤−24 ℃天数/d	6	0	1	0	0	4	0	0	0	0	0	0	0	0	0
冻害类型	Ⅳ	Ⅱ	Ⅳ	Ⅰ	Ⅱ	Ⅰ	Ⅳ	Ⅳ	Ⅲ	Ⅴ	Ⅱ	Ⅱ	Ⅲ	Ⅳ	Ⅳ

1961 年以来，新疆阿克苏越冬冻害共计发生 15 次，其中以 1966 年冬季气温低至−26.8 ℃，1976 年冬季低温达到−25.2 ℃，2007 年冬季出现−22.9 ℃的极端低温，红枣和核桃均遭受严重冻害。

气温骤降、持续低温、强降雪等极端天气变化是果树严重受冻的主要成因，最低气温及低温持续时间是影响果树冻害的关键气象因子。根据冻害发生天气过程可将冻害分为低温干冷型（Ⅰ型，2 次）、低温湿冷型（Ⅱ型，4 次）、持续低温型（Ⅲ型，2 次）、骤然降温型（Ⅳ型，6 次）、骤然升温型（Ⅴ型，1 次）。

2.2 对红枣形态生理特性的影响

自然灾害是林果业生产中经常出现的威胁，尤其是冻害。果树是多年生植物，严重的冻害不仅使整个植株或部分大小枝条、花芽受冻死亡，也常使树势衰弱，腐烂病、干腐病等病害蔓延，甚至毁灭全园，严重影响果树生产的发展。研究表明，低温对果树的影响重点在于低温导致果树体内水分结冰而引起细胞死亡；也有研究表明，果树冻害死亡的原因并不是低温冰冻直接引起，而是冰冻之后的解冻，若缓慢解冻则细胞可以恢复，反之，迅速解冻则易引起死亡，因此有必要对果树冻害降温过程及其生理过程变化进行研究，以往的部分研究忽略了这方面。

植物原生质膜的存在为植物细胞提供了一个屏障，这个界面膜能使植物有效地截取环境引起的熵损，从而使细胞结构趋于高度有序，使一系列生理活动能正常进行；当植物处于临界低温以下时，质膜的功能受阻，致使细胞内含物大量外渗，细胞不能维持其高度有序性结构而受害死亡，所以质膜透性的增加成为低温伤害的重要标志。邵文鹏等(2009)基于电解质外渗率的50%与半致死程度一致，提出以电解质外渗率50%时的温度为组织的半致死温度；研究表明，用半致死温度LT_{50}可以对植物抗寒性指标进行有效评价，低温胁迫后电解质外渗率是评价植物抗寒性极其有效的指标之一。朱根海等(1986)认为，可以用以此作为植物抗寒力的数量指标；罗正荣等(1994)对柑橘抗寒力研究表明，细胞电解质外渗率配以 Logistic 方程，二者具有很好的拟合度。而不同果树发生冻害时其生理功能如细胞膜透性、组织含水量、膜脂相变、保护酶活性、渗透调节物质的差异变化，是反映果树抗冻能力变化的主要特征指标。

植物体的叶绿素荧光动力学是以光合作用为理论基础，利用体内叶绿素为天然探针，来研究和探测植物光合生理状况及各种外界因子对其细微影响的一种新型植物活体测量和诊断技术。叶绿素荧光对外界各种胁迫因子十分敏感，其中F_v/F_m是最大 PSII 的光能转换效率，非胁迫条件下，该参数的变化极小，不受物种和生长条件的影响；胁迫条件下该参数明显下降，F_v/F_m常被用作标明环境胁迫程度的指标和探针。

通过对越冬期间果树冻害历史灾情资料的调查，进行低温处理试验，研究冻害发生过程中果树细胞质膜透性、生理生化特征、叶绿素荧光等参数变化，进行冻害分级，提供冻害致死温度，为冻害监测指标的提出提供理论依据。

2.2.1 试验设计与观测方法

试验选取2个当地主栽品种红枣为骏枣和灰枣、核桃为新丰2号和温185。于2014—2016年1月中旬分别在立地条件和栽培管理水平基本一致的阿克苏红旗坡农场果园，两品种均用对角线法选择长势相近的5 a生果树15株，每株剪取东南西北中各方向长势中庸、无病虫害的一年生枝条，每个品种共计75枝分类贴签装入保鲜袋带回实验室，用自来水和蒸馏水冲洗干净，吸干水分后将枝条末端蜡封。将每个品种蜡封的枝条平均分成5份，即每个品种每份15个枝条，其中一份用作对照处理，置于−10 ℃冰箱中保存备用(−10 ℃为取样期间果园区域的日平均气温)，其余4份进行低温处理。

低温梯度和低温持续时间的设置以研究区域历史冻害发生情况及其对应的气象条件分析为基础，根据《中国气象灾害大典·新疆卷》(1961—2005年)(史玉光，2006)，结合阿克苏农业气象试验站和项目组(2005年至今)灾害调查结果，1961—2011年冬季研究区域阿克苏共计发生冬季冻害15次，发生冻害时极端最低气温−26.8 ℃出现2次，−24.2～−23.4 ℃出现8次，−21.8～−20.6 ℃出现4次，−18.6 ℃出现1次；极端最低气温持续时间在5～26 h区间不等，故本试验设置5个低温梯度和3段不同低温持续时间，进行果树枝条低温模拟试验。

将分装好的枝条放入低温冰箱(日本三洋)，以3 ℃/h速度降温，降温至−18 ℃、−21 ℃、−24 ℃、−27 ℃时均停留5 h、12 h、24 h，再以3 ℃/h速度升温至−10 ℃，−10 ℃下恢复24 h后对各指标进行测定。每次在2个配置完全相同的冰箱里进行2个不同温度的低温处理试验，每个处理重复3次，需5个枝条，其中3个枝条进行荧光参数和枝条质膜透性观测，剩余部分与另外 2 个枝条进行生理生化指标观测；−10 ℃下保存的对照样品同样经历 5 h、12 h、24 h 后与低温处理同时取样观测。

低温处理结束，样品−10 ℃下恢复 24 h 后，将各处理按照荧光参数、质膜透性、生理生化指标的顺序进行观测。

荧光参数：每个处理（5 个枝条）中取出 3 个枝条剪除封蜡端，横向剥下枝条表皮（长约 5 cm），利用 MINI-PAM（德国，WALZ）测定荧光参数 F_o（基础荧光产量）、F_m（最大稳态荧光产量）等参数，根据 F_o和计算光合系统 II（PSII）的光能转换效率 F_v/F_m：

$$F_v/F_m=(F_m-F_o)/F_m \tag{2.1}$$

枝条质膜透性：采用电导法（孙世航 等，2019）测定，观测叶绿素荧光参数的枝条同时进行相对电导率的观测，将枝条剪成 0.5 cm 长茎段，称取 0.5 g 茎段置入试管，加 20 mL 蒸馏水摇匀 3 h，再放置 3 h 采用 SG23 型电导仪测定浸出液的初始电导值 C；封口于沸水中水浴 30 min，冷却至室温，静置 3 h 测定其电导值 C_k；同时测定蒸馏水电导率 C_o，按式（2.2）计算枝条相对电导率（REC）：

$$REC(\%)=(C-C_o)/(C_k-C_o) \tag{2.2}$$

生理生化指标：每个处理（5 个枝条）中 3 个枝条进行叶绿素荧光参数和枝条电导率观测后剩余部分作为一个重复，与另外 2 个枝条组成 3 个重复，放置烘箱中 75 ℃杀青 105 ℃烘干后粉碎，按照李合生等（1990）试验方法，可溶性糖含量测定采用蒽酮比色法进行测定。

枝条冻害症状观测与分级：将果树枝条，分别在−18 ℃、−21 ℃、−24 ℃、−27 ℃低温处理后。在室温下放置 24 h，自封袋包装以枝为单位，进行枝条冻害观测。

2.2.2 形态特性的差异变化

枝条冻害形态特征是利用枝条受冻后的颜色、受损部位、受损面积等外表形态来确定受冻情况的定性指标，是低温冻害对其生理生化影响的形态表现，不能量化。

对不同低温、不同持续时间处理后的枝条和花芽在室温下（10～15 ℃）放置 24 h，用刀片切开枝条和花芽、叶芽进行观测拍照，并与未处理的样品进行对比分析。观测项目包括枝条韧皮部、髓、木质部的颜色以及叶芽、花芽的颜色，进行详细记录并统计分析（图 2.5）。

枝条冻害形态特征主要分为 5 个级别（表 2.3）。相同处理温度下，延长低温持续时间，枝条受冻情况越明显，这一性状红枣果树在−24 ℃、−27 ℃、核桃果树在−21 ℃、−24 ℃、−27 ℃表现更加强烈。

表 2.3 枝条、花芽和叶芽冻害分级标准

级别	受冻程度	枝条形态特征	花芽、叶芽形态特征
0 级	未受冻害	髓部白色，木质部和韧皮部鲜绿色	与未处理颜色相同
1 级	轻微冻害	髓部变黄褐色，木质部和韧皮部鲜绿色	基部变褐色，花蕊颜色正常，均为浅黄色
2 级	中等冻害	髓部变褐色，并已影响木质部	基部褐色、花蕊变黄褐色，表面水渍状
3 级	严重冻害	髓部褐色，木质部黄褐色	整体为黑褐色，容易从枝条上脱落
4 级	死亡	全枝褐色，干枯	整体为黑褐色，并干枯死亡

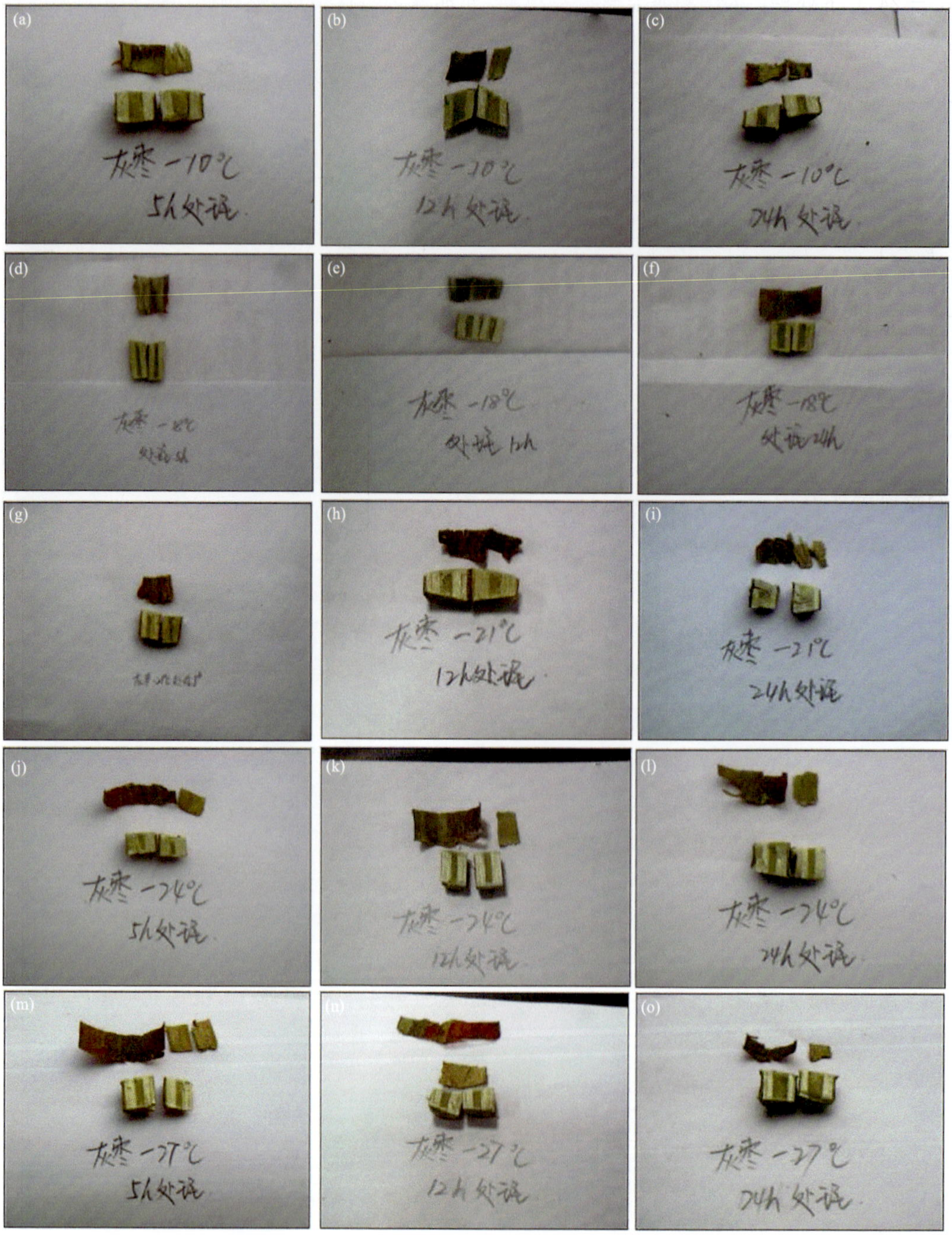

图 2.5　果树冻害形态特征变化(a)灰枣，－10 ℃，5 h 处理；(b)灰枣，－10 ℃，12 h 处理；(c)灰枣，－10 ℃，24 h 处理；(d)灰枣，－18 ℃，5 h 处理；(e)灰枣，－18 ℃，12 h 处理；(f)灰枣，－18 ℃，24 h 处理；(g)灰枣，－21 ℃，5 h 处理；(h)灰枣，－21 ℃，12 h 处理；(i)灰枣，－21 ℃，24 h 处理；(j)灰枣，－24 ℃，5 h 处理；(k)灰枣，－24 ℃，12 h 处理；(l)灰枣，－24 ℃，24 h 处理；(m)灰枣，－27 ℃，5 h 处理；(n)灰枣，－27 ℃，12 h 处理；(o)灰枣，－27 ℃，24 h 处理

－24 ℃下处理 5 h 的枝条要比－18 ℃下处理 5 h 的枝条更快受到 2 级以上冻害的影响(表 2.4)，说明在相同处理时间上，温度越低枝条越容易受冻害。

表 2.4　低温胁迫温度与持续时间的关系

级别	－18 ℃			－21 ℃			－24 ℃			－27 ℃		
	5 h	12 h	24 h	5 h	12 h	24 h	5 h	12 h	24 h	5 h	12 h	24 h
1			Y	Y	Y							
2						Y	Y	Y		Y	Y	
3									Y			Y

2.2.3　生理特性的差异变化

(1)枝条细胞质膜透性的差异变化

从不同低温处理时间相对电导率随温度的变化趋势(图 2.6)上来看，相对电导率的变化趋势整体呈现出“S”形趋势。红枣枝条对照(－10 ℃)至－21 ℃之间相对电导率增长不明显、质膜透性增加较小，差异不显著($P>0.05$)；－21 ℃到－27 ℃相对电导率大幅增加，低温处理间存在显著差异($P<0.05$)，－27～－24 ℃相对电导率增速减缓，但大于－21～－10 ℃的增

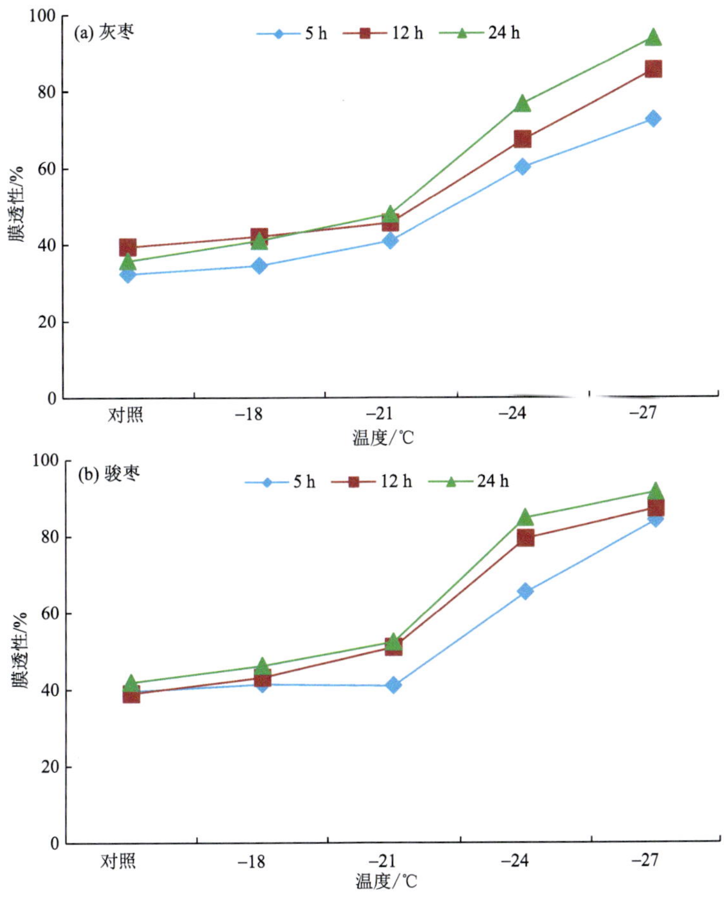

图 2.6　低温处理下红枣枝条质膜透性的变化

长率，表明气温在－24～－21 ℃之间红枣果树枝条细胞发生了明显改变，质膜透性增加，电解质不同程度外渗，细胞和枝条明显受损。

相同低温条件下，随低温持续时间延长，红枣枝条细胞质膜透性程度不断增加。灰枣低温持续 5 h 与 12 h、24 h 之间质膜透性存在显著差异（$P<0.05$），后二者之间差异不显著；骏枣 5 h与 12 h、24 h 之间均存在显著差异（$P<0.05$），品种不同，低温持续时间的影响及果树受损程度存在差异。

相同处理时间下，温度越低、相对电导率越大，膜透性增加程度明显。以 12 h 处理结果为例，灰枣－18 ℃、－21 ℃、－24 ℃、－27 ℃低温比对照（－10 ℃）枝条质膜透性分别增加 10.7%、30.7%、103.5%、123.5%，骏枣分别增加 6.7%、15.7%、70.5%、116.5%，二者之间存在显著差异，说明果树抗寒性不同，质膜透性增加程度有所差异，骏枣抗寒性比灰枣强。

相同低温处理时间下处理温度与质膜透性呈显著性负相关（$P<0.05$，表 2.5），温度越低，细胞受损程度越明显。但相同低温处理时间下，对照、－18 ℃、－21 ℃间枝条质膜透性差异不显著（$P>0.05$），－21 ℃、－24 ℃和－27 ℃之间以及与－21 ℃以下均存在显著差异（$P<0.05$），再次说明红枣枝条受损温度范围为－24～－21 ℃。

表 2.5　胁迫温度与质膜透性的关系

品种	灰枣			骏枣		
级别	5 h	12 h	24 h	5 h	12 h	24 h
温度	－0.966*	－0.946*	－0.975*	－0.988*	－0.946*	－0.966*

注：*表示 $P<0.05$。

根据相对电导率进行 Logistic 方程拟合分析，不同低温处理时间的灰枣半致死温度分别为－22.54 ℃、－23.11 ℃和－23.49 ℃，骏枣分别为－22.78 ℃、－23.49 ℃和－23.64 ℃，说明当温度为－23 ℃左右时，红枣细胞质膜透性呈最大程度增加，枝条明显受损。

(2)枝条可溶性糖含量的差异变化

可溶性糖含量是造成植物体内总的溶质浓度变化的主要因素，可溶性糖含量的增加表明植物抗寒性的增强。随处理温度下降，红枣果树枝条可溶性糖含量呈先升高后小幅度下降的趋势（图 2.7）。

未处理的对照与－18 ℃之间可溶性糖含量差异不显著；自－21 ℃开始可溶性糖含量逐渐上升至－24 ℃时达到最大值，－21 ℃、－24 ℃和－27 ℃之间及与－21 ℃以下温度处理间枝条可溶性糖含量存在显著差异（$P<0.05$）；－24 ℃低温处理后枝条可溶性糖含量下降，但其下降幅度低于－24～－21 ℃间的增加量，说明当温度为－24～－21 ℃时，红枣枝条可溶性糖含量存在显著变化，抗寒性强弱也随之变化。

相同低温条件下，不同低温持续时间处理后红枣果树枝条可溶性糖含量之间存在显著差异（$P<0.05$），低温持续 12 h 后可溶性糖含量达到最高值，持续 24 h 后却有所下降，说明并不是低温持续时间越长，可溶性糖含量增加程度就越大，其抗寒性就逐渐增强。在低温胁迫初期，果树为适应低温环境，通过平衡自身代谢使调节物质增多来增强自身抗寒能力，随温度持续下降，诱导调节物质合成的酶活性降低，果树受到伤害，可溶性糖含量下降。灰枣和骏枣的变化趋势基本一致，可溶性糖含量变化的转折温度范围为－24～－21 ℃。

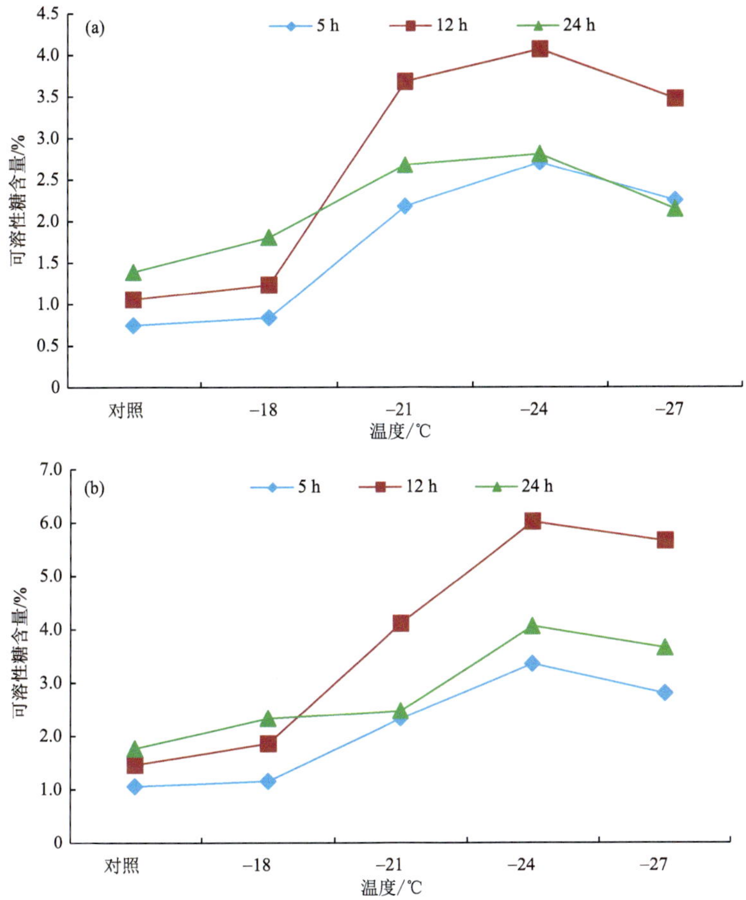

图 2.7 低温处理下红枣枝条可溶性糖含量的变化

(a)灰枣;(b)骏枣

相同低温持续时间下,随温度下降,红枣果树枝条可溶性糖含量逐渐上升,灰枣的各处理温度间均存在显著差异($P<0.05$),骏枣低温持续 24 h 差异不显著。以 12 h 为例,与对照相比,灰枣各处理温度可溶性糖含量分别增加 166.8%、248.4%、285.1%、228.5%,骏枣分别增加 271.3%、181.6%、312.7%、287.8%,其增加幅度和可溶性糖含量均显著高于灰枣($P<0.05$),表现出较强的抗寒性。

(3)枝条叶绿素荧光特征的差异变化

叶绿素荧光诱导动力学以光合作用理论为基础,是研究植物光合生理状况及植物与逆境胁迫关系的理想探针。随处理温度的降低,红枣枝条的基础荧光 F_o 逐渐上升,达到峰值后有所下降。对照－18 ℃、－21 ℃之间枝条 F_o 值差异不显著,与－24 ℃和－27 ℃处理间存在显著差异(图 2.8,$P<0.05$)。基础荧光 F_o 在非胁迫条件下与叶绿素的含量相关,在胁迫条件下呈上升的趋势,在－24～－21 ℃之间红枣枝条 F_o 值显著上升,说明红枣在该温度范围内遭受了胁迫。

低温持续时间越长,红枣枝条基础荧光 F_o 上升幅度越明显,5 h、12 h 和 24 h 之间存在显著差异($P<0.05$),随时间延长红枣枝条受损程度不断增加。相同低温持续时间条件下,与对

照相比，灰枣 24 h 各温度处理基础荧光 F_o 比对照分别上升了 13.1%、21.1%、69.8%、36.8%，骏枣分别上升了 1.2%、9.9%、69.1%、46.4%，其上升幅度低于灰枣，抗寒性相对较强。

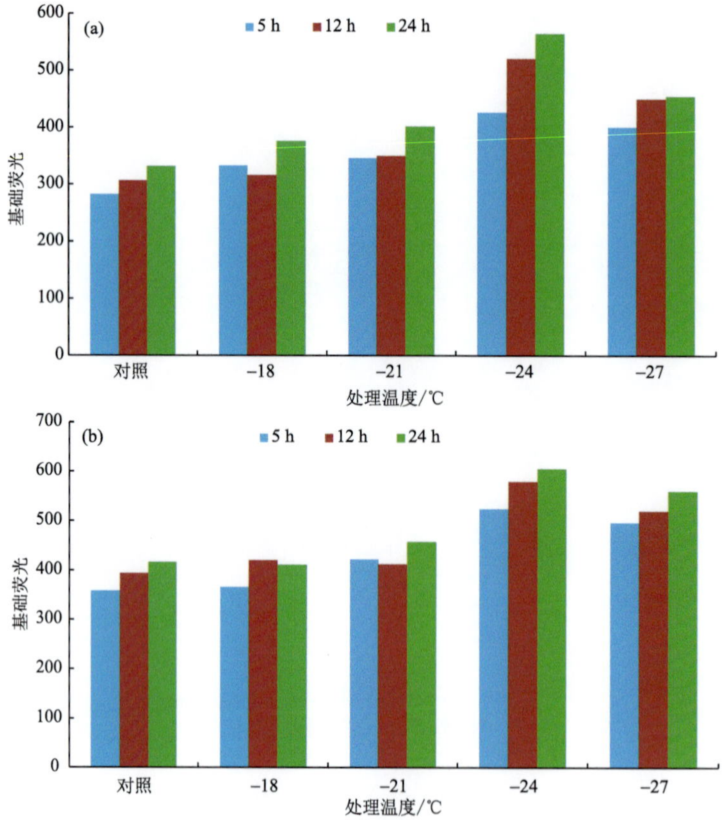

图 2.8 低温处理下红枣枝条基础荧光 F_o 的变化

(a)灰枣；(b)骏枣

F_v/F_m 反映了 PSII 原初光能转化效率，随温度降低，红枣枝条 F_v/F_m 值逐渐下降，对照至 −21 ℃之间下降幅度较小，处理间差异不显著；−24～−21 ℃之间 F_v/F_m 值显著下降（$P<0.05$，图 2.9），说明枝条遭受低温影响进而引起光系统 PSII 受到损伤和非光化学过程能量耗散增强。低温持续时间与枝条 F_v/F_m 值呈显著负相关，低温时间越长，枝条 F_v/F_m 值下降幅度越明显。

相同低温持续条件下，灰枣 24 h 各温度处理 F_v/F_m 值与对照相比分别下降了 2.1%、10.7%、33.1%、48.6%，骏枣分别下降 1.1%、0.5%、39.1%、39.8%，其下降幅度低于灰枣，低温对其影响相对较弱，抗寒性相对较强。

2.2.4 小结

从形态、生理特性的差异揭示了红枣果树越冬冻害发生过程中抗冻能力的变化，红枣枝条受损温度范围在 −24 ℃至 −21 ℃之间。不同品种红枣果树的半致死温度分别在 −23 ℃左右。

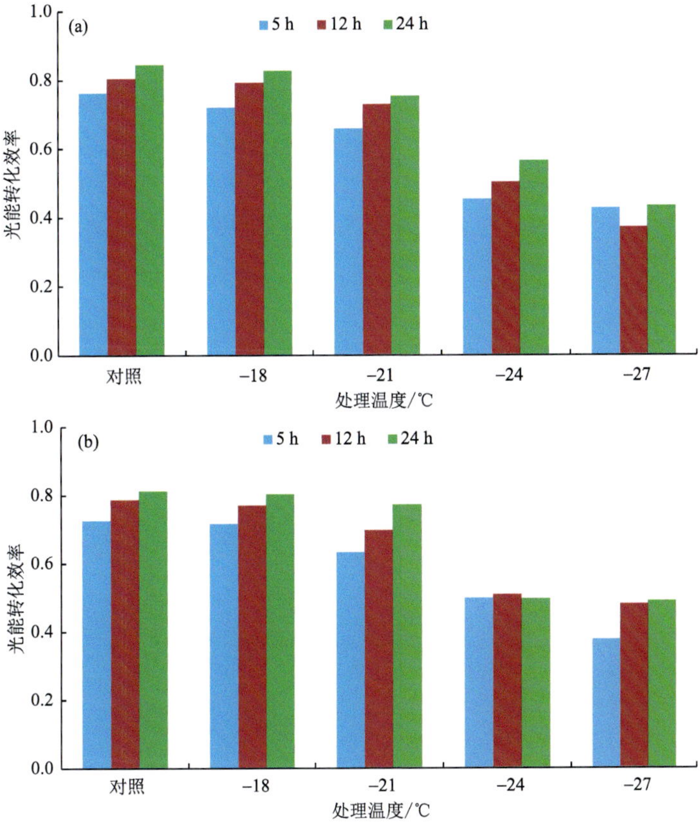

图 2.9　低温处理下红枣枝条 F_v/F_m 值的变化

(a)灰枣;(b)骏枣

(1)相同处理温度下,延长低温持续时间,枝条受冻情况越明显,这一性状红枣果树在 -24 ℃、-27 ℃表现更加强烈。-24 ℃下处理 5 h 的枝条要比 -18 ℃下处理 5 h 的枝条更快受到 2 级以上冻害的影响,相同处理时间条件下,温度越低枝条越容易受冻害。

(2)不同低温处理时间相对电导率随温度的变化整体呈"S"形趋势。在 -24～-21 ℃之间红枣果树枝条细胞发生了明显改变,质膜透性增加,电解质不同程度外渗,细胞和枝条明显受损。不同低温处理时间的灰枣半致死温度分别为 -22.89 ℃、-23.76 ℃和 -24.39 ℃,骏枣分别为 -23.27 ℃、-24.15 ℃和 -24.87 ℃,说明当温度为 -23 ℃左右时,红枣细胞质膜透性呈最大程度增加,枝条明显受损。

(3)当温度为 -24～-21 ℃,红枣枝条可溶性糖含量存在显著变化,抗寒性强弱也随之变化。

(4)基础荧光 F_o 在非胁迫条件下与叶绿素的含量相关,在胁迫条件下呈上升的趋势,在 -24～-21 ℃之间红枣枝条 F_o 值显著上升,说明红枣在该温度范围内遭受了胁迫。低温持续时间越长,红枣枝条基础荧光 F_o 上升幅度越明显。F_v/F_m 反映了 PSII 原初光能转化效率,随温度降低,红枣枝条 F_v/F_m 值逐渐下降,-24～-21 ℃之间 F_v/F_m 值显著下降($P<0.05$),说明枝条遭受低温影响进而引起光系统 PSII 受到损伤和非光化学过程能量耗散增强。

2.3　红枣低温冻害监测预警指标

不同果树冬季冻害气象监测预警，是根据预报产品、地面实况监测数据结合监测预警指标进行越冬冻害预测并生成预警信息。预报服务产品一般都是针对气象台站进行预报，而果园内部小气候与气象台站存在显著差异变化，需要建立果树冻害关键气象影响因子果园内与相近相似气象台站之间的相关关系，将果树冻害气象监测预警指标转换成气象台站并结合预报产品进行监测预警。

2.3.1　红枣果树低温冻害分级标准

冻害调查分级标准参照河北农业大学主编的《果树栽培学实验实习指导书》(河北农业大学，1979)内容，并根据实际观测进行确定，果树一年或两年生枝条冻害特征主要分为 3 个级别。叶芽比花芽耐寒力强，花芽受冻是常见的低温冻害，根据花芽和叶芽冻害特征主要分 3 个级别，见表 2.6。

表 2.6　红枣越冬冻害等级划分

级别	树龄		主干	整株
	1 年生	3～5 年生		
轻度	萌芽延迟，二次枝顶部死亡，长度≥10 cm	萌芽延迟，二次枝顶部死亡，长度≥10 cm	主干韧皮部、形成层呈黄褐色；距地面 10 cm 处主干的表皮略显绿色，但韧皮部、形成层呈黄褐色	树体受冻害轻微，树干生长较正常，树冠有 10%枯梢，有 70%以上结果产量
中度	1/2 枝干死亡，干枯	主干受冻，1/2 骨干枝死亡，干枯	形成层呈黑褐色，皮层失水发干，表皮易剥离，树干基部树皮有裂缝，枣树生长较缓慢	树体受冻害较严重，树体 30%～50%枯枝，有 30%以上结果产量
重度	枝干全部死亡，干枯	主干受冻，2/3 骨干枝死亡，干枯	树干基部树皮全部离皮，枣树能发芽展叶，甚至抽生枣头、开花、结枣，但从 5 月中旬开始，树皮开裂处以上枝叶干枯，形成层黑褐色，皮层失水发干，表皮易剥离木质部开裂，与皮层呈分离状态	树体受冻害较严重，树体有 60%以上抽干枯枝、绝产

2.3.2　红枣果树低温冻害气象指标

(1)低温冻害气象指标

对 1961—2013 年冻害发生年冬季阿克苏各项气象要素进行了统计(表 2.1)，可将－20 ℃作为阿克苏地区果树发生冻害的界限温度。低温及低温持续时间是影响果树冻害发生的关键气象因子，分析冻害发生年天气过程可将冻害分为低温干冷型(Ⅰ型——降温剧烈、天气转晴)、低温湿冷型(Ⅱ型——持续降水、低温强度不大)、持续低温型(Ⅲ型——日平均气温、日最低气温持续偏低)、骤然降温型(Ⅳ型——骤然降温、降温幅度大、日最低气温下降至冻害临界温度)、骤然升温型(Ⅴ型——低温天气后骤然升温)。

(2)低温冻害生理指标

电解质渗出率大幅度剧增，是细胞膜受到伤害后导致透性增强的结果，这种低温范围被称为临界低温。不同低温持续时间下，对红枣枝条是否受损影响较大的临界低温范围为－24～

−21 ℃。半致死温度意味着在此温度上，温度每降低一个单位量，导致的冻害程度增加量最大。半致死温度越低，抗寒性越强。不同品种红枣半致死温度在−23 ℃左右。

−24～−21 ℃的低温，红枣枝条可溶性糖含量、基础荧光 F_o、PSII 原初光能转化效率 F_v/F_m 存在显著变化，抗寒性强弱也随之变化。

(3)低温冻害综合指标

结合不同低温与不同低温持续时间模拟试验结论提出红枣越冬冻害气象指标，同时建立果树冻害关键气象影响因子果园内与相近相似气象台站之间的相关关系，将果树冻害气象监测预警指标转换成气象台站气象要素预报指标进行监测预警，并进行业务服务试应用及检验完善(2014—2017 年)，得到红枣越冬冻害气象综合监测指标(表 2.7)。

表 2.7 红枣越冬冻害等级指标

果树部位	致灾因子	致灾等级		
		轻度	中度	重度
枝条	日最低气温≤−21 ℃的持续天数	2 d	5 d	≥6 d
	日最低气温≤−23 ℃的持续天数	2 d	4 d	≥5 d
	日最低气温≤−24 ℃的持续天数	1 d	3 d	≥5 d
树干	日最低气温≤−24 ℃的持续天数	2 d	4 d	≥6 d

红枣：最低气温≤−21 ℃并持续 2 d 以上或出现 2 d 以上−23 ℃低温时，枣树枝条可能会出现轻度冻害；当最低气温≤−23 ℃并持续 4 d 或最低气温≤−24 ℃并持续 3 d 可能出现中度冻害；最低气温≤−24 ℃并持续 6 d，树干可能出现重度冻害。

第 3 章
核　桃

3.1　对核桃形态生理特性的影响

薄皮核桃是新疆著名的特色瓜果。以阿克苏地区核桃为主要研究对象，通过历史灾情资料统计、灾害天气降温过程分析，结合冻害实时观测和低温模拟试验，探讨了果树冻害发生的气象条件以及冻害发生过程中果树形态、生理特征的变化规律，研究确定了果树越冬冻害的界限温度和关键气象影响因子，建立了果树冻害综合监测指标，并进行了特色林果气象为农服务应用。

因核桃的研究区域与红枣研究区域一致，因此关键气象影响因子分析与红枣果树一致，内容见第 2 章 2.1 节。

3.1.1　试验设计与观测方法

试验选取 2 个当地主栽品种，核桃为新丰 2 号和温 185。其他试验设计与观测方法，同红枣果树一致，内容见第 2 章 2.2.1 节。

3.1.2　形态特性的差异变化

枝条冻害形态特征主要分为 5 个级别(表 3.1)。相同处理温度下，延长低温持续时间，枝条受冻情况越明显，这一性状红枣果树在－24 ℃、－27 ℃，核桃果树在－21 ℃、－24 ℃、－27 ℃表现更加强烈。

表 3.1　枝条、花芽和叶芽冻害分级标准

级别	受冻程度	枝条形态特征	花芽、叶芽形态特征
0 级	未受冻害	髓部白色，木质部和韧皮部鲜绿色	与未处理颜色相同
1 级	轻微冻害	髓部变黄褐色，木质部和韧皮部鲜绿色	基部变褐色，花蕊颜色正常，均为浅黄色
2 级	中等冻害	髓部变褐色，并已影响木质部	基部褐色、花蕊变黄褐色，表面水渍状
3 级	严重冻害	髓部褐色，木质部黄褐色	整体为黑褐色，容易从枝条上脱落
4 级	死亡	全枝褐色，干枯	整体为黑褐色，并干枯死亡

－24 ℃下处理 5 h 的枝条要比－18 ℃下处理 5 h 的枝条更快受到 2 级以上冻害的影响(表 3.2)，说明在相同处理时间上，温度越低枝条越容易受冻害。

表 3.2　低温胁迫温度与持续时间的关系

级别	−18 ℃			−21 ℃			−24 ℃			−27 ℃		
	5 h	12 h	24 h	5 h	12 h	24 h	5 h	12 h	24 h	5 h	12 h	24 h
1			Y	Y	Y							
2						Y	Y	Y		Y	Y	
3									Y			Y

3.1.3　生理特性的差异变化

(1)枝条细胞质膜透性的差异变化

核桃果树枝条的细胞质膜透性差异变化与红枣比较一致，相对电导率的变化趋势整体呈现出“S”形趋势。核桃枝条对照(−10 ℃)至−18 ℃之间相对电导率增长不明显、质膜透性增加较小，差异不显著；−18 ℃至−27 ℃相对电导率大幅增加，低温处理间存在显著差异($P<0.05$，图 3.1)，−27～−21 ℃相对电导率增速减缓但大于−21～−18 ℃的增长率，表明在−21～−18 ℃之间核桃果树枝条细胞发生了明显改变，质膜透性增加，电解质不同程度外渗，细胞和枝条明显受损。

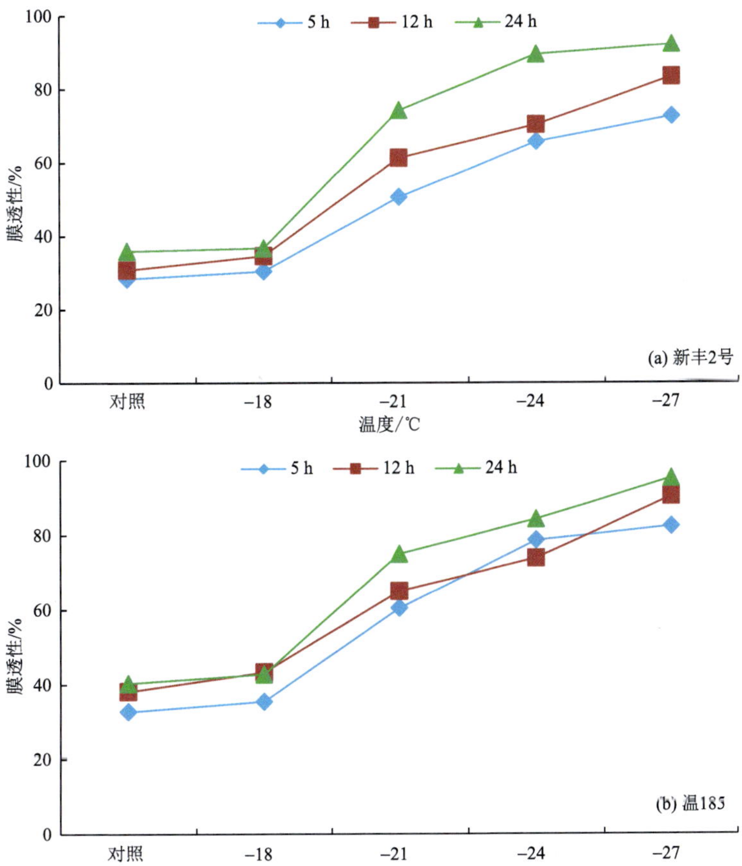

图 3.1　低温处理下核桃枝条质膜透性的变化

相同低温条件下，随低温持续时间延长，核桃枝条细胞质膜透性程度不断增加。新丰2号5 h与12 h、24 h之间枝条质膜透性均存在显著差异($P<0.05$)，温185低温持续5 h、12 h与24 h之间质膜透性存在显著差异($P<0.05$)，前二者之间差异不显著，品种不同，低温持续时间的影响及果树受损程度存在差异。

相同处理时间下，温度越低、相对电导率越大，膜透性增加程度明显。以24 h处理结果为例，新丰2号−18 ℃、−21 ℃、−24 ℃、−27 ℃低温比对照(−10 ℃)枝条质膜透性分别增加2.3%、106.3%、148.5%、156.2%，温185分别增加6.1%、85.7%、108.7%、135.9%，二者之间存在显著差异，说明果树抗寒性不同，质膜透性增加程度有所差异，温185抗寒性比新丰2号强。

相同低温处理时间下处理温度与质膜透性呈显著性负相关($P<0.05$，表3.3)，温度越低，细胞受损程度越明显。但相同低温处理时间下，对照、−18 ℃之间枝条质膜透性差异不显著，−18 ℃、−21 ℃、−24 ℃和−27 ℃之间以及与−18 ℃以下均存在显著差异($P<0.05$)，再次说明核桃枝条受损温度范围为−18～−21 ℃。

表3.3 胁迫温度与质膜透性的关系

级别	新丰2号			温185		
	5 h	12 h	24 h	5 h	12 h	24 h
温度	−0.943*	−0.962*	−0.967*	−0.924*	−0.953*	−0.971*

注：*表示$P<0.05$。

根据相对电导率进行Logistic方程拟合分析，不同低温处理时间的新丰2号半致死温度分别为−21.36 ℃、−21.75 ℃和−22.45 ℃，温185分别为−21.84 ℃、−22.16 ℃和−22.62 ℃，说明当温度为−22 ℃左右时，核桃细胞质膜透性呈最大程度增加，枝条明显受损。

(2)枝条可溶性糖含量的差异变化

低温胁迫后核桃果树枝条的可溶性糖含量差异变化与红枣基本一致，随温度下降可溶性糖含量先上升后下降(图3.2)，变化幅度差异显著。自−18 ℃开始，核桃枝条可溶性糖含量逐渐上升，至−21 ℃达到最高值，而后开始逐渐下降。新丰2号和温185两个品种对照、−18 ℃、−27 ℃处理之间可溶性糖含量差异不显著，−18 ℃、−21 ℃、−24 ℃间及与对照、−27 ℃间均存在显著差异($P<0.05$)，说明核桃枝条可溶性糖含量对−21～−18 ℃之间的低温较为敏感，进而影响其抗寒性。

不同低温持续时间对核桃果树枝条可溶性糖含量的影响并非正相关关系，持续12 h低温后枝条可溶性糖含量最高，5 h、12 h与24 h之间均存在显著差异($P<0.05$)。相同持续低温条件下，核桃枝条可溶性糖含量均是在−18 ℃开始上升，−21 ℃达到最大值而后开始下降，其可溶性糖含量差异变化影响范围为−21～−18 ℃。与对照相比，温185低温持续12 h下各温度枝条可溶性糖含量分别增加47.4%、256.7%、192.9%、128.1%；新丰2号分别增加37.8%、274.8%、144.3%、69.1%，其增加幅度和枝条可溶性糖含量均低于温185，抗寒性相对较弱。

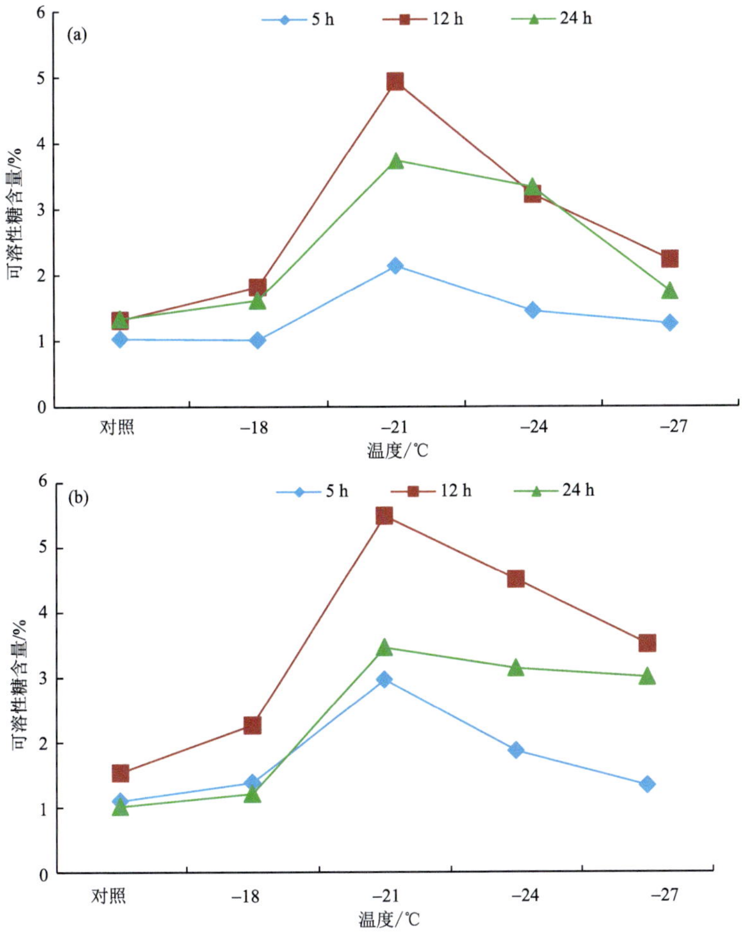

图 3.2　低温处理下核桃枝条可溶性糖含量的变化

(a)新丰 2 号;(b)温 185

(3)枝条叶绿素荧光特征的差异变化

低温处理后核桃果树枝条的荧光特征变化与红枣基本一致,随处理温度降低,枝条基础荧光 F_o值先上升后缓慢下降。对照与－18 ℃处理之间差异不显著,至－21 ℃时枝条基础荧光 F_o达到最大值,与－24 ℃、－27 ℃间均存在显著差异($P<0.05$,图 3.3);到达－27 ℃时呈缓慢下降趋势,先进幅度低于－21～－18 ℃之间的上升幅度,说明－21～－18 ℃之间的低温造成了核桃枝条 PSII 结构损伤。

低温持续时间越长,核桃枝条基础荧光 F_o上升幅度越明显,5 h、12 h 和 24 h 之间存在显著差异($P<0.05$),随时间延长核桃枝条受损程度不断增加。相同低温持续时间条件下,与对照相比,新丰 2 号 12 h 各温度处理 F_o值分别上升了 4.9%、97.4%、66.5%、49.6%,温 185 分别上升了 7.0%、67.8%、47.3%、48.7%,其上升幅度低于新丰 2 号,抗寒性相对较强。

随温度下降,核桃枝条 F_v/F_m值逐渐下降,对照与－18 ℃之间下降幅度较小,－21～－18 ℃之间 F_v/F_m值显著下降(图 3.4,$P<0.05$),至－27 ℃处理时达到最低值,但－27～－21 ℃之间的下降幅度低于－21～－18 ℃之间的 F_v/F_m下降值,说明－21～－18 ℃之间的

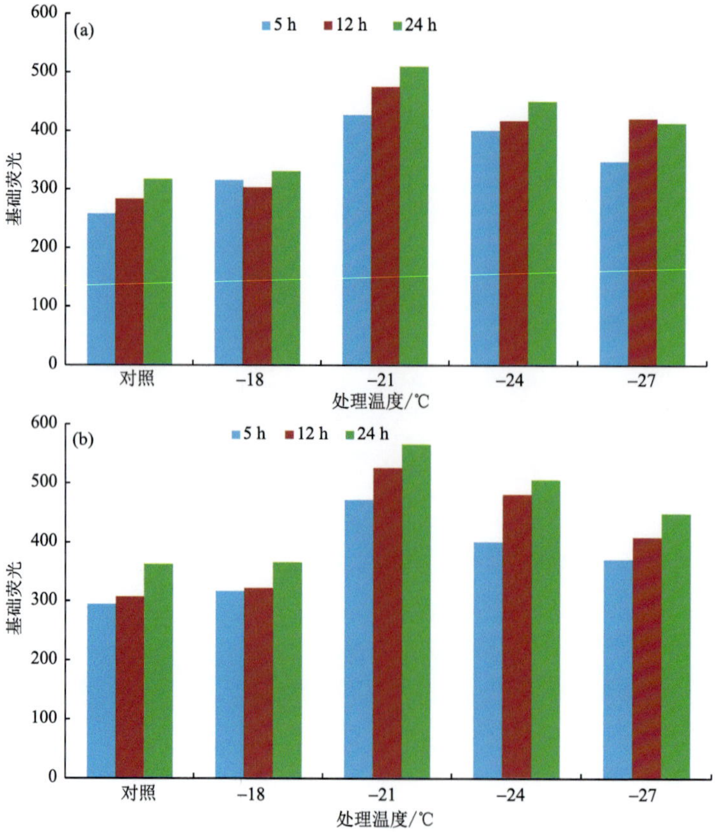

图 3.3 低温处理下核桃枝条基础荧光 F_o的变化

(a)新丰 2 号;(b)温 185

低温引起了核桃枝条光系统 PSII 结构受损。低温持续时间越长,枝条 F_v/F_m值下降幅度越明显。与对照相比,新丰 2 号持续 24 h 后枝条 F_v/F_m 值分别下降 6.0%、29.35%、48.2%、51.8%,温 185 分别下降 2.1%、22.6%、33.1%、48.6%,其下降幅度低于新丰 2 号,抗寒性相对较强。

3.1.4 小结

从形态、生理特性的差异揭示了核桃果树越冬冻害发生过程中抗冻能力的变化,核桃枝条受损温度范围为−21～−18 ℃。不同品种核桃果树的半致死温度在−22 ℃左右。

(1)相同处理温度下,延长低温持续时间,枝条受冻情况越明显,这一性状核桃果树−21 ℃、−24 ℃、−27 ℃表现更加强烈。−24 ℃下处理 5 h 的枝条要比−18 ℃下处理 5 h 的枝条更快受到 2 级以上冻害的影响,相同处理时间条件下,温度越低枝条越容易受冻害。

(2)不同低温处理时间相对电导率随温度的变化整体呈“S”形趋势。在−21～−18 ℃之间核桃果树枝条细胞发生了明显改变($P<0.05$),质膜透性增加,电解质不同程度外渗,细胞和枝条明显受损。新丰 2 号半致死温度分别为−22.13 ℃、−22.95 ℃和−23.76 ℃,温 185 分别为−22.47 ℃、−23.25 ℃和−24.18 ℃,说明当温度为−22 ℃左右时,核桃细胞质膜透

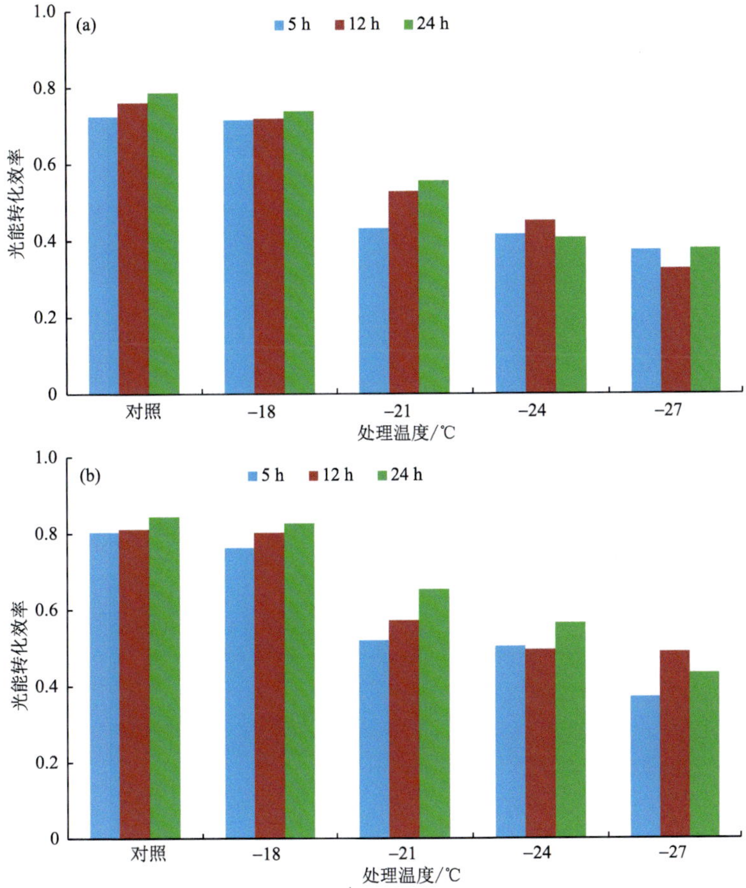

图 3.4 低温处理下核桃枝条 F_v/F_m值的变化

(a)新丰 2 号;(b)温 185

性呈最大程度增加,枝条明显受损。

(3)核桃枝条可溶性糖含量对−21～−18 ℃之间的低温较为敏感,进而影响其抗寒性。

(4)随处理温度降低,核桃果树枝条基础荧光 F_o值先上升后缓慢下降,F_v/F_m值逐渐下降,−21～−18 ℃之间的低温造成了核桃枝条 PSII 结构损伤。低温持续时间越长,核桃枝条基础荧光 F_o上升幅度、F_v/F_m值下降幅度越明显。

3.2 核桃低温冻害监测预警指标

不同果树冬季冻害气象监测预警,是根据预报产品、地面实况监测数据结合监测预警指标进行越冬冻害预测并生成预警信息。预报服务产品一般都是针对气象台站进行预报,而果园内部小气候与气象台站存在显著差异变化,需要建立果树冻害关键气象影响因子果园内与相近相似气象台站之间的相关关系,将果树冻害气象监测预警指标转换成气象台站并结合预报产品进行监测预警。

3.2.1 核桃低温冻害分级标准

冻害调查分级标准参照河北农业大学(1979)主编的《果树栽培学实验实习指导书》内容，并根据实际观测进行确定，果树一年或两年生枝条冻害特征主要分为3个级别。叶芽比花芽耐寒力强，花芽受冻是常见的低温冻害，根据花芽和叶芽冻害特征主要分3个级别，见表3.4。

表3.4 核桃越冬冻害等级划分

级别	花芽叶芽特征	1～3年生枝	多年生枝	主枝、主干
轻度	全树30%花芽受冻变成褐色，可以萌动，但花难展开，叶芽可萌动	一年生枝条1/3部分失水抽干，形成层轻微变成褐色，可恢复	正常	正常
中度	60%花芽心部变黑死亡，叶芽变褐，干枯脱落	枝条失水抽干，形成层变黑，韧皮部深褐色	枝条失水抽干，形成层变黑，可恢复	主枝形成层变褐可恢复，主干正常
重度	花芽叶芽死亡	形成层、皮层变黑死亡，果苔、新枝死亡	枝条失水抽干，形成层变黑死亡	主枝形成层变黑死亡，主干产生纵向裂纹，根茎部形成层产生环状褐色坏死病斑，局部或整株干裂死亡

3.2.2 核桃低温冻害气象指标

(1)低温冻害气象指标

对1961—2013年冻害发生年冬季阿克苏各项气象要素进行了统计，可将−20 ℃作为阿克苏地区果树发生冻害的界限温度。低温及低温持续时间是影响果树冻害发生的关键气象因子，分析冻害发生年天气过程可将冻害分为低温干冷型(Ⅰ型——降温剧烈、天气转晴)、低温湿冷型(Ⅱ型——持续降水、低温强度不大)、持续低温型(Ⅲ型——日平均气温、日最低气温持续偏低)、骤然降温型(Ⅳ型——骤然降温、降温幅度大、日最低气温下降至冻害临界温度)、骤然升温型(Ⅴ型——低温天气后骤然升温)。

(2)低温冻害生理指标

电解质渗出率大幅度剧增，是细胞膜受到伤害后导致透性增强的结果，这种低温范围被称为临界低温。不同低温持续时间下，对核桃枝条是否受损影响较大的临界低温范围为−21～−18 ℃。

半致死温度意味着在此温度上，温度每降低一个单位量，导致的冻害程度增加量最大。半致死温度越低，抗寒性越强。不同品种核桃果树的半致死温度在−22 ℃左右。

核桃枝条可溶性糖含量、F_o、F_v/F_m值对−21～−18 ℃之间的低温较为敏感，进而影响其抗寒性。

(3)低温冻害综合指标

结合不同低温与不同低温持续时间模拟试验结论提出核桃越冬冻害气象指标，同时建立果树冻害关键气象影响因子果园内与相近相似气象台站之间的相关关系，将果树冻害气象监测预警指标转换成气象台站气象要素预报指标进行监测预警，并进行业务服务试应用及检验完善(2014—2017年)，得到核桃越冬冻害气象综合监测指标(表3.5)。

表 3.5 核桃越冬冻害等级指标

果树部位	致灾因子	致灾等级		
		轻度	中度	重度
枝条	日最低气温≤−20 ℃的持续天数	3 d	5 d	≥7 d
	日最低气温≤−22 ℃的持续天数	3 d	5 d	≥6 d
	日最低气温≤−24 ℃的持续天数	1 d	3 d	≥5 d
树干	日最低气温≤−24 ℃的持续天数	3 d	5 d	≥7 d

核桃:最低气温≤−20 ℃并持续 3 d 以上或出现 1 d 以上−24 ℃低温时,核桃枝条可能会出现轻度冻害;当最低气温≤−22 ℃并持续 5 d 或最低气温≤−24 ℃并持续 3 d 可能出现中度冻害;最低气温≤−24 ℃并持续 7 d,树干可能出现重度冻害。

第 4 章
香　梨

4.1　关键气象影响因子分析

库尔勒香梨远销国内外，是新疆巴音郭楞蒙古自治州著名的特色林果。利用该区 1961—2013 年冬季气象资料及相应年份时期的冻害发生情况，进行对比分析，建立该区 1961—2013 年 50 年来冬季各月(12 月—翌年 2 月)最低气温数据库，计算逐日平均最低气温、各月极端最低气温和冬季平均气温、降水等，研究冻害界限温度，确定越冬冻害关键气象影响因子。

气象资料用库尔勒市气象局本站资料，冻害灾情资料来自库尔勒市市农业局、林业局和《中国气象灾害大典・新疆卷》(史玉光，2006)。气象要素常年值取 1961—2013 年的统计值，四季划分采用气象划分法以公历 3—5 月为春季，6—8 月为夏季，9—11 月为秋季，12 月—翌年 2 月为冬季。

4.1.1　极端最低气温

库尔勒市 12 月极端最低气温低于－18.0 ℃年份有 1966 年、1968 年、1974—1976 年、1984 年和 2002 年共 7 年，且极端最低气温都低于－19.0 ℃，共 20 年 1 月极端最低气温低于－18.0 ℃(图 4.1)。1969 年、1977—1979 和 2008 年的 2 月极端最低气温低于－18.0 ℃。其中 12 月、1 月、2 月极端最低气温分别为－25.4 ℃、－28.1 ℃、－23.4 ℃，分别出现在 1966 年、1967 年、2008 年，这三年库尔勒香梨均出现冻害。在 12 月，有 7 年的极端最低气温低于－19.0 ℃，其中 1966 年、1974—1976 年、1984 年都低于－20 ℃，这 7 年香梨均发生冻害。

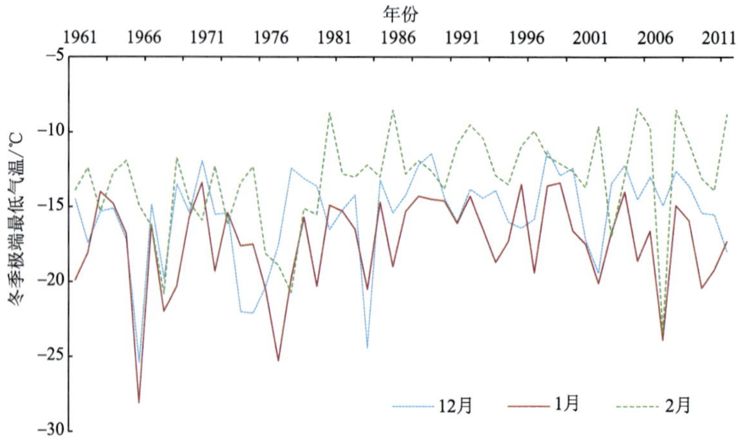

图 4.1　库尔勒香梨 1961—2012 年极端最低气温变化趋势

4.1.2　低温持续时间

当冬季的气温低于库尔勒香梨的半致死温度时，果树受到的灾害因低温持续时间延长而增大。如图 4.2 所示，1966/1967 年冬季，日最低气温 −19 ℃的天数达到了 24 d，而日最低气温连续 −19 ℃的天数达到了 23 d，持续的低温对库尔勒香梨产生了比较严重的伤害。据统计，1984 年日平均气温 −19 ℃的天数达到了 18 d，持续低温使库尔勒香梨受到重度冻害，甚至死亡。可见，低温持续时间也是影响库尔勒香梨低温冻害发生的主要气象因素之一。

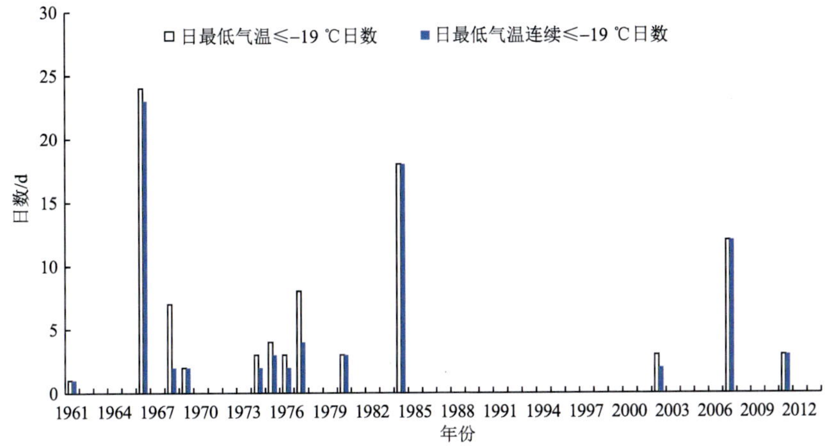

图 4.2　库尔勒 1961—2012 年冬季气温≤19 ℃最低气温日数

4.1.3　平均气温及降水

库尔勒市 1 月的月平均气温低于 12 月和 2 月(图 4.3)。在 1967 年 1 月的月平均气温达到历史最低值 −16.2 ℃；1978 年 1 月的月平均气温次之，为 −12.9 ℃。冬季降水量超过 5 mm的有 12 年，冬季降水量也是影响库尔勒香梨抗寒性指标之一。在 1971/1972 年、1990/

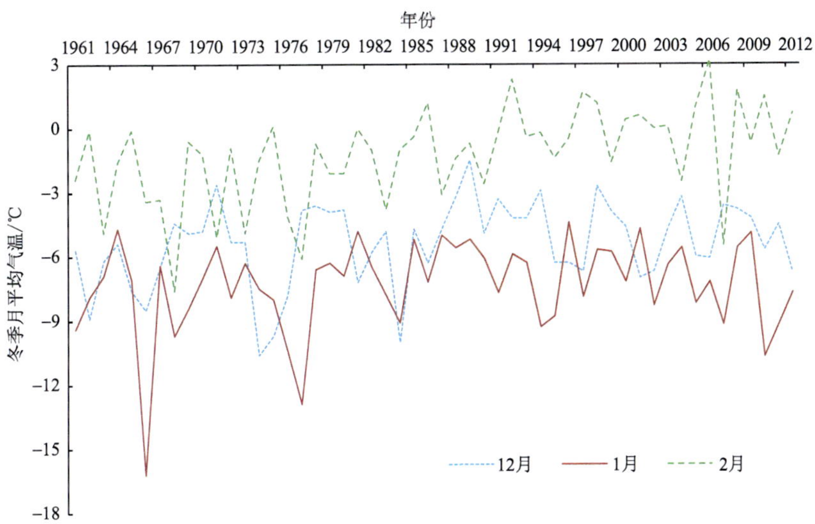

图 4.3　库尔勒香梨 1961—2012 年冬季平均气温

1991 年、1994/1995 年未受到冻害，且最低温度偏高。说明在极端最低气温持续的天气，降水会加重冻害发生。分析近 52 年冬季各月降水总量距平可知，1987 年 2 月降水量距平为 19.18 mm，为近 30 年最大值(图 4.4)。30 年中低于平均降水量的月份共 64 个月，达 71.1%，而高于平均月降水量的月份共 26 个月，有 29.9%。

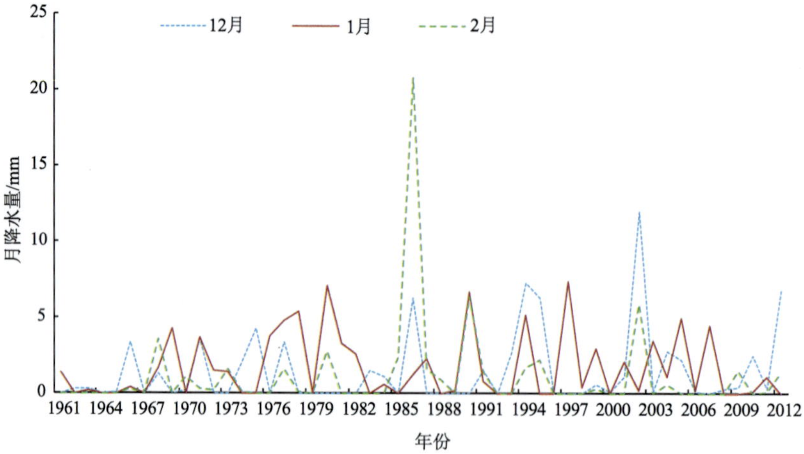

图 4.4　库尔勒香梨 1961—2012 年冬季月降水量

冬季降雪或降雨，会使空气中水汽含量上升，空气湿度增大，在树干上形成雪凇或雾凇，这将进一步加重冻害。从近 52 年冻害的降水量来看，降水量高的年份更容易发生冻害伤害。2002 年 12 月降水量为 12 mm，也明显高于其他年份，库尔勒市香梨超过 9000 hm^2 受到冻害，超过香梨种植面积 40%(图 4.5)。

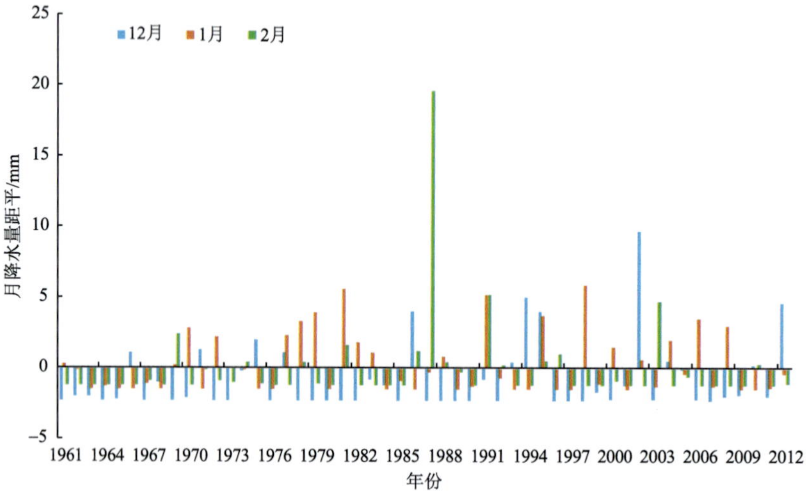

图 4.5　库尔勒香梨 1961—2012 年冬季月降水量距平

4.1.4 关键气象影响因子

分析库尔勒香梨发生冻害年份的气温时发现，影响库尔勒香梨冻害发生重要因素之一是气温。冻害发生年份中有14年最低温度均低于－19 ℃，4年冬季最低气温均低于－23.9 ℃，且发生了严重冻害(表4.1)。1966/1967年冬季，降温持续天数为27 d，连续低于－19 ℃的天数为23 d，而冬季极端最低气温－28.1 ℃，降水量为4.1 mm。根据《气象灾害大典・新疆卷》(史玉光，2006)统计，这一年冬季发生了严重的冻害灾害，对库尔勒香梨生产也产生了较大的损失。2010/2011年冬季，库尔勒市极端最低气温为－20.4 ℃，降温持续7 d，有1.02万 hm^2 库尔勒香梨受冻，导致库尔勒市香梨单产只有5.19 t/hm^2。可见，持续的极端低温是发生冻害的一个最重要的因素。

表4.1 库尔勒香梨冬季有冻害发生的年气象因素

冻害发生年份	冬季平均气温/℃	日最低气温≤－19 ℃的天数/d	冬季极端最低气温/℃	冬季降水量/mm	降温持续天数/d	日最低气温连续≤－19 ℃天数/d	日最低气温连续≤－20 ℃天数/d	日最低气温连续≤－22 ℃天数/d	日最低气温连续≤－24 ℃天数/d
1961/1962	－5.9	1	－19.9	1.4	2	1	0	0	0
1966/1967	－9.6	24	－28.1	4.1	27	23	23	23	21
1968/1969	－7.2	6	－22.0	6.6	16	2	3	1	0
1969/1970	－4.7	2	－20.3	9.8	9	2	1	0	0
1974/1975	－6.7	3	－22.0	2.2	9	2	2	1	0
1975/1976	－6.0	4	－22.1	4.3	8	3	3	1	0
1976/1977	－7.6	3	－20.5	3.8	3,4	1	1	0	0
1977/1978	－7.7	8	－25.3	9.8	10,6	4	4	2	2
1978/1979	－3.4	2	－20.7	5.5	6	1	1	0	0
1980/1981	－4.3	3	－20.3	9.9	4	3	1	0	0
1984/1985	－6.9	18	－24.4	1.7	26	2,10,2,3	7,2	3	1
2002/2003	－5.2	4	－20.1	18.1	13	2	1	0	0
2007/2008	－6.1	11	－23.9	4.5	12	11	6	3	0
2010/2011	－5.2	4	－20.4	2.6	7	2,2	1	0	0

4.2 对香梨形态生理特征的影响

4.2.1 试验设计与观测方法

试验选取库尔勒香梨主要种植区哈拉苏村、哈拉苏原种场果园进行采样，于2014年1月中旬，选择无病虫害、长势一致的9 a、15 a、20 a不同树龄的库尔勒香梨果树枝条，在树冠上东南西北中各方向和部位尽可能一致。样品预处理方法、形态特征观测、质膜透性观测等方法同红枣果树枝条，内容见第2章2.2.1试验设计与观测方法。

将预处理后的库尔勒香梨枝条放入低温箱中，设置低温培养箱低温胁迫温度为－10 ℃(对照)、－15 ℃、－18 ℃、－21 ℃、－24 ℃，每个温度设3个重复。在5 ℃左右预冷48 h，然后按 3 ℃/h 速度降温，接近温度－10 ℃时，降温速度变为 1 ℃/h。各个低温处理持续时间分别为 5 h,12 h,24 h。

4.2.2 形态特性的差异变化

在－10 ℃低温处理下，处理 5 h、12 h、24 h 时，枝条都保持完整。在处理 5 h 情况下，表皮难剥离，形成层呈鲜绿色，木质部呈淡绿色，髓心呈嫩绿色。在处理 12 h 情况下，表皮难剥离，形成层呈鲜绿色，木质部呈黄绿色，髓心呈青色。在处理 24 h 情况下，表皮难剥离，形成层呈鲜绿色，木质部呈青绿色，髓心呈绿色。随处理温度下降，枝条表现为表皮易剥离，形成层、木质部从鲜绿色逐渐转变成褐色、深褐色，髓心从青色逐渐转变为绿色、褐色；水浸状在木质部、韧皮部、髓心均逐渐出现（图 4.6）。

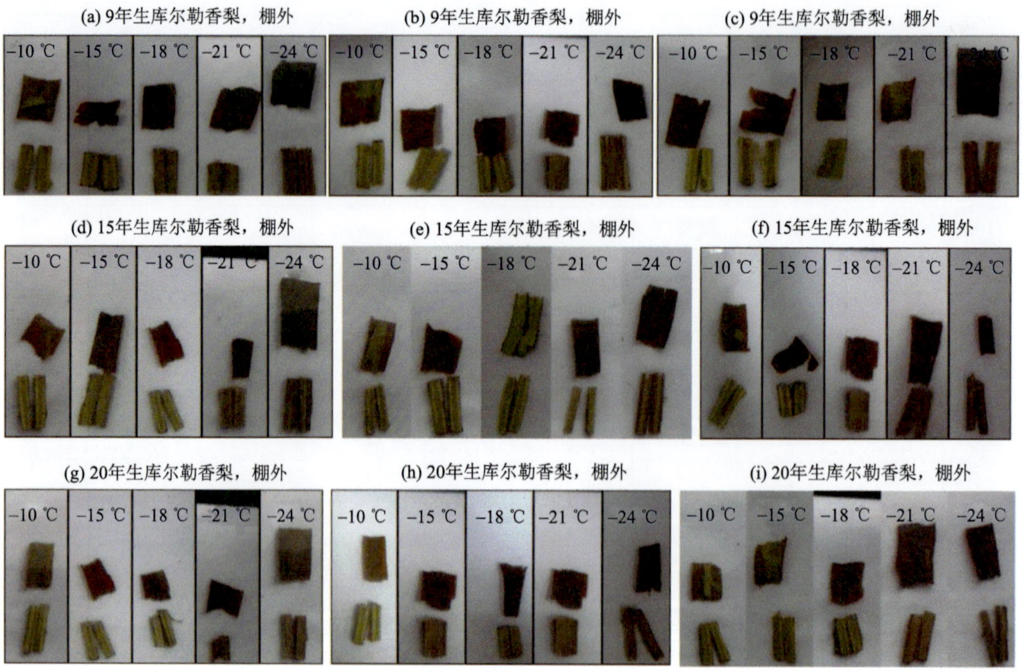

图 4.6 不同树龄冻害特征

以 9 a 树龄枝条为例，冻害特征随着处理温度的降低和低温处理时间的延长越明显。－15 ℃低温持续 5 h、12 h、24 h 处理后，枝条形态、颜色与－10 ℃（对照）低温处理相近，说明枝条未受冻害。－18 ℃低温持续 5 h 处理后观察发现，枝条木质部、髓部有水浸状，形成层呈浅绿色，相比之下其他部位的颜色均与－10 ℃（对照）相近。由此说明，枝条未受到冻害。－18 ℃低温持续 12 h 处理后，髓部呈浅绿色，木质部呈淡褐色，髓部、木质部有水浸状。所有髓部都为浅绿色，木质部呈现出淡褐色，枝条受到轻微冻害。当温度下降到－21 ℃持续处理 5 h后，15 a、20 a 树龄枝条开始出现冻害特征，枝条干燥，髓部变褐色，木质部变色，韧皮部失去鲜绿色。－24 ℃低温处理 24 h 后，症状十分明显，韧皮部变褐色，枝条干枯。部分低温处理后冻害特征观测照片，见图 4.6a—i。

不同树龄的枝条均在－18 ℃、－21 ℃、－24 ℃低温处理时表皮均易剥离，枝条较干燥、易切碎，干燥程度随着温度的降低和低温胁迫时间的延长而不断增加。在−18 ℃、−21 ℃、−24 ℃低温处理时，9 a树龄枝条冻害症状最轻，15 a树龄次之，20 a树龄最重。实验表明，相同处理温度下，延长低温持续时间，库尔勒香梨枝条受冻情况越明显，这一性状在−21 ℃、−24 ℃表现强烈。结合冻害模拟实验记录，对比分析受冻前后枝条特征以及受冻前后观测照片，分析总结出枝条的冻害级别(表4.2)。

表4.2 不同树龄冻害级别

树龄	−15 ℃			−18 ℃			−21 ℃			−24 ℃		
	5 h	12 h	24 h	5 h	12 h	24 h	5 h	12 h	24 h	5 h	12 h	24 h
9 a(棚内)				1	1	1	2	2	3	4	4	4
9 a(棚外)				1	1	1	2	2	3	4	4	4
15 a(棚内)				1	1	2	2	3	3	4	4	4
15 a(棚外)				1	1	2	2	3	3	4	4	4
20 a(棚内)				1	2	2	3	4	4	4	4	4
20 a(棚外)				1	2	2	3	4	4	4	4	4

4.2.3 生理特性的差异变化

(1)不同树龄间的差异变化

由图4.7可知，树龄9 a枝条相对电导率随着处理温度降低不断下降，总体呈上升的趋势，但增加的幅度并不均匀，开始和后期变化比较平缓，中期变化比较快速。在从−10 ℃降至−18 ℃时，相对电导率缓慢上升，表明适当的低温锻炼可以提高库尔勒香梨的抗寒性。−18 ℃、−21 ℃与其他温度之间的差异极显著($P<0.01$)。低温处理12 h的库尔勒香梨棚外枝条，在从−15 ℃降至−18 ℃时，相对电导率缓慢上升，增幅为16.6%，在从−21℃上升至−18 ℃的过程中，相对电导率快速上升，增幅为55.8%。

而15 a树龄各处理的相对电导率随着温度下降，呈现出先缓慢上升后急剧上升最后趋向平稳的变化的趋势，−10 ℃降至−18 ℃时缓慢上升。−18 ℃、−21 ℃与其他温度之间的差异极显著($P<0.01$)。低温处理12 h的库尔勒香梨枝条，在−15 ℃降至−18 ℃时，相对电导率缓慢上升，增幅为5.50%，在−21～−18 ℃的过程中，相对电导率快速上升，增幅为54.8%。各处理的相对电导率在降温至−15 ℃时，均未超过40%，在−21 ℃时相对电导率均在64%以上，膜透性在−21～−15 ℃之间突然增大。在−24 ℃时膜透性继续增加，相对电导率均超出68%(图4.8)。

树龄20 a枝条相对电导率随着处理温度的下降，总体上呈现出先缓慢上升再急剧上升后趋于稳定的趋势。相对电导率在−10 ℃降至−18 ℃时上升缓慢。−18 ℃、−21 ℃与其他温度之间的差异较为显著($P<0.01$)。低温处理12 h的库尔勒香梨枝条，在−15 ℃降至−18 ℃时，相对电导率缓慢上升，增幅为40.12%，在−21～−18 ℃的过程中，相对电导率快速上升，增幅45.47%。低温处理5 h的库尔勒香梨枝条，在−10 ℃、−15 ℃、−18 ℃温度下，相对电导率略高于处理12 h、24 h；在−21 ℃、−24 ℃时，又略低于处理12 h、24 h(图4.9)。

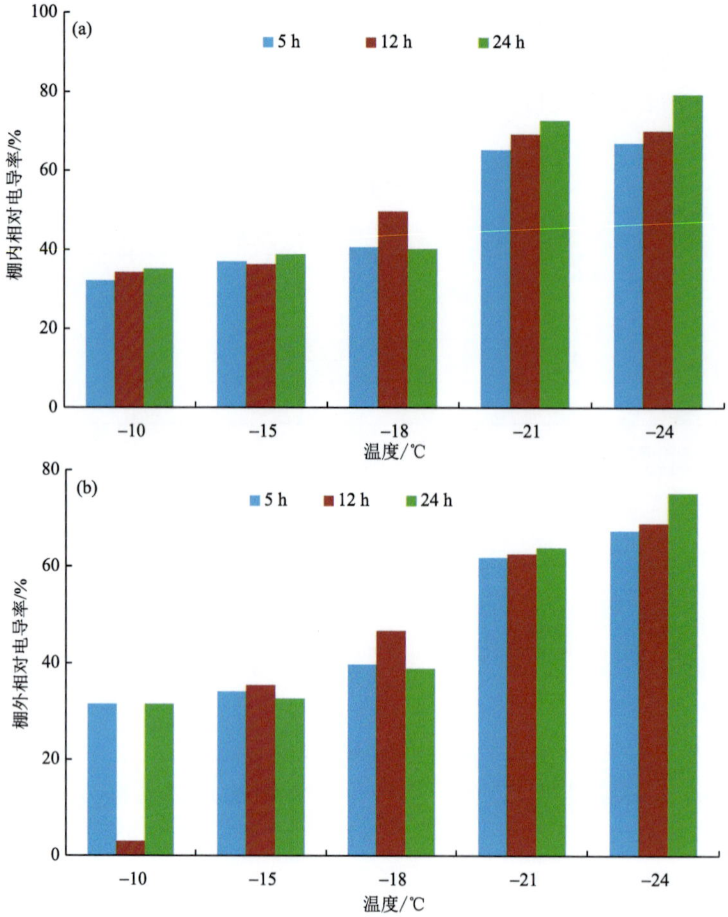

图 4.7　9 a 树龄相对电导率

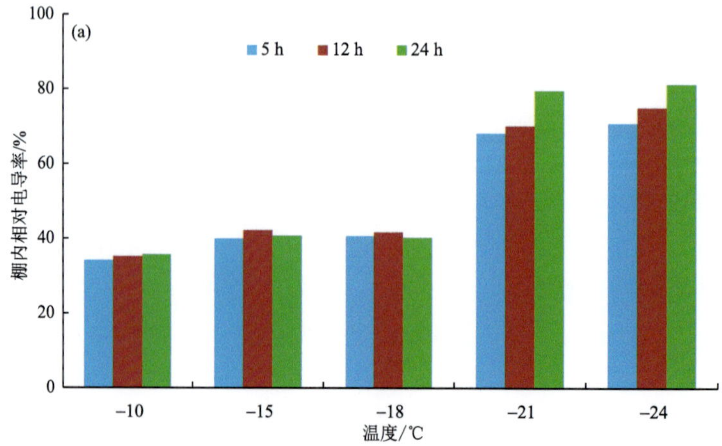

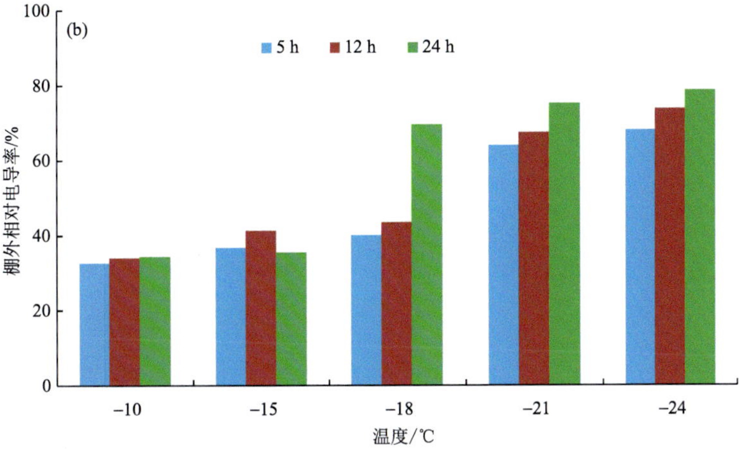

图 4.8　15 a 树龄相对电导率

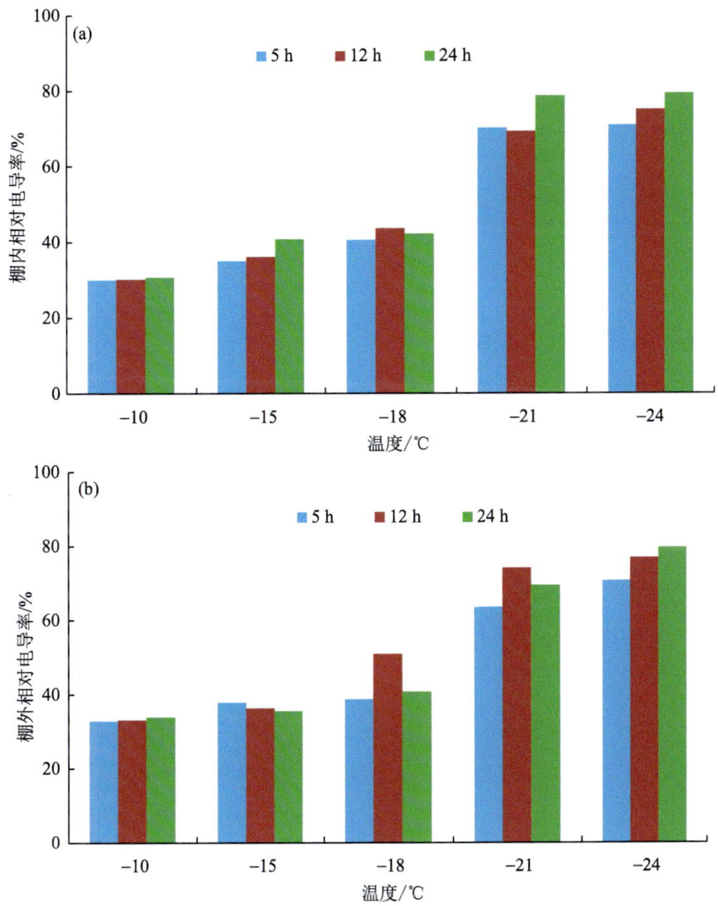

图 4.9　20 a 树龄相对电导率

(2)不同低温处理时间的差异变化

低温处理 5 h 相对电导率随着温度下降而持续上升，在 −21 ℃发生跳变。在 −10 ℃降至

－18 ℃时，相对电导率缓慢上升。－18 ℃、－21 ℃与其他温度之间的差异极显著（$P<0.01$）。当处理温度为－15 ℃时，9 a 树龄枝条的相对电导率比 15 a 树龄低 7.6%，比 20 a 树龄低 10.1%。低温处理 5 h 后，相对电导率整体上呈现出：9 a 树龄＜15 a 树龄＜20 a 树龄（图 4.10）。

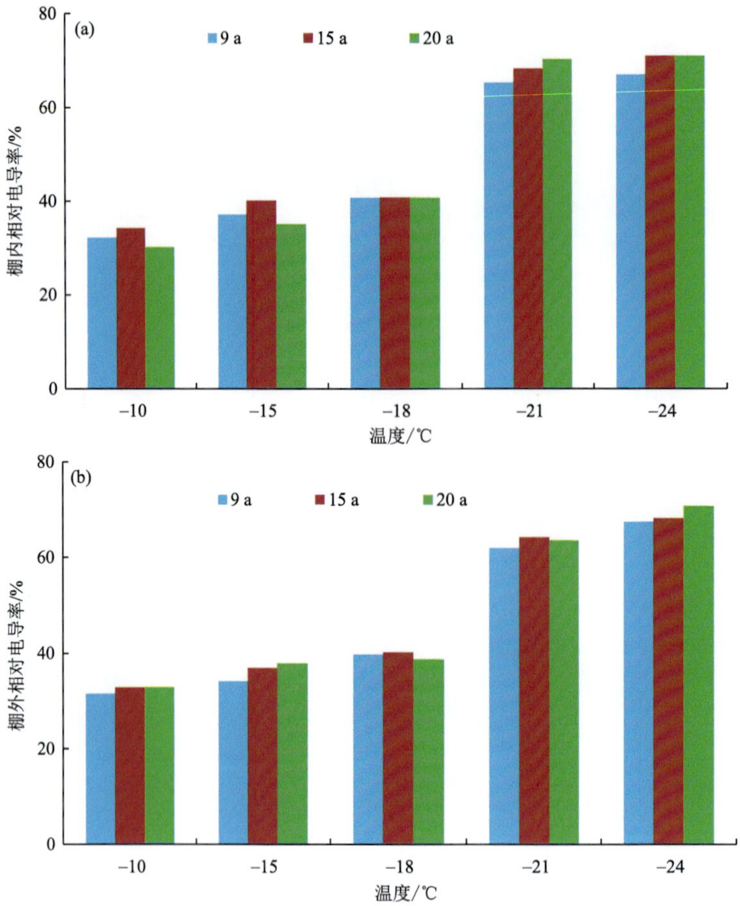

图 4.10　低温处理 5 h 相对电导率

低温处理 12 h 后各处理的相对电导率随着温度不断下降，总体呈持续上升趋势，在－21～－18 ℃之间变化较大。由－10 ℃降至－18 ℃时，相对电导率缓慢上升，当温度从－18 ℃降至－21 ℃时，相对电导率快速上升，－18 ℃、－21 ℃与其他温度之间的差异极显著（$P<0.01$）。树龄 9 a 的枝条相对电导率，低于树龄 15 a、20 a 的枝条（图 4.11）。

低温处理 24 h 枝条相对电导率随温度下降而持续上升，在－21～－18 ℃之间发生跳变，与其他温度之间的差异极显著（$P<0.01$）。9 a 树龄在－15 ℃降至－18 ℃时增幅 19.04%，在－21～－18 ℃过程中增幅 64.43%；20 a 树龄增幅由 14.35%，上升到 70.3%。不同温度和低温持续时间条件下，9 a 树龄库尔勒香梨枝条，相对电导率均低于树龄 15 a、20 a（图 4.12）。

（3）半致死温度的差异

根据相对电导率结合 Logistic 方程计算库尔勒香梨的半致死温度，得出对库尔勒香梨引

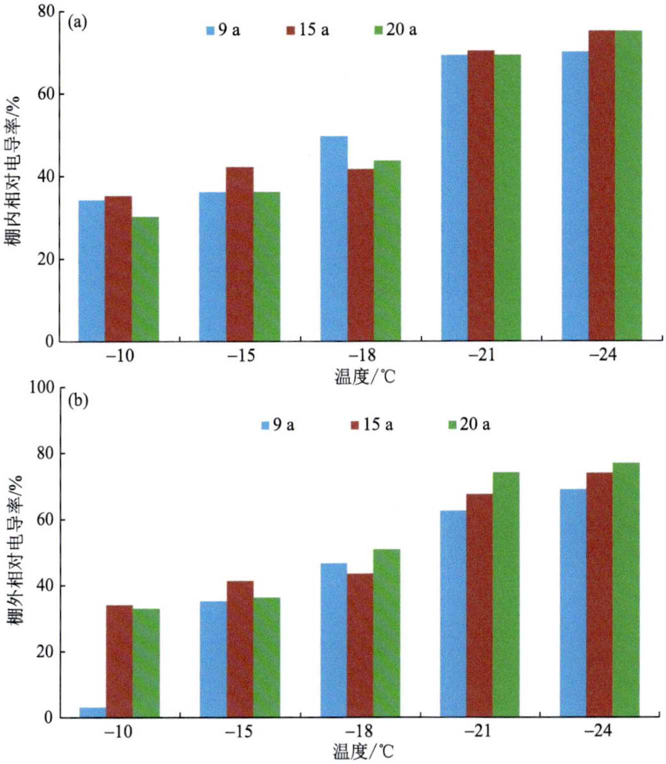

图 4.11　低温处理 12 h 相对电导率

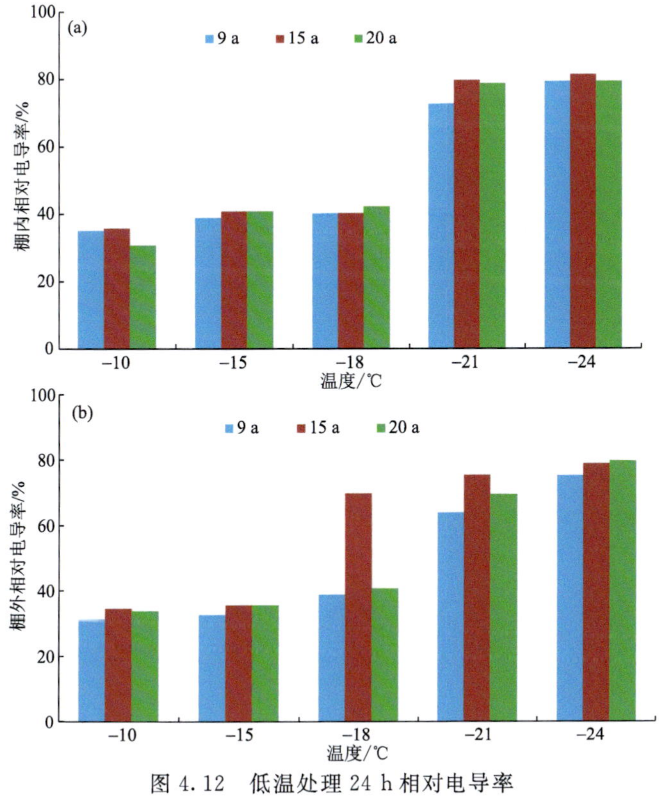

图 4.12　低温处理 24 h 相对电导率

起不可逆生理性伤害的关键低温指标，并对比不同树龄的抗寒性。从不同的低温处理时间相对电导率随温度变化趋势，9 a 树龄在－21～－18 ℃之间库尔勒香梨枝条的发生了明显的改变，相对电导率随着温度降低不断升高(表 4.3)。5 h、12 h 和 24 h 的实验温度与相对电导率的相关系数分别为－0.92、－0.96 和－0.91，为明显的负相关，说明温度越低对库尔勒香梨造成的冻害程度越大。

低温处理 5 h、12 h、24 h 的库尔勒香梨半致死温度分别为－19.84 ℃、－19.37 ℃和－20.41 ℃(表 4.3)，细胞生物膜特性在－20.5 ℃左右时变化最大，相对电导率发生跳变，生物膜透性发生损害。半致死温度的变化与库尔勒香梨相对电导率变化趋势相一致。

表 4.3　9 a 树龄(棚外)枝条的相对电导率与半致死温度

温度/℃	相对电导率/%		
	5 h	12 h	24 h
－10	0.3145	0.31109	0.3145
－15	0.34068	0.35356	0.32635
－18	0.39739	0.46782	0.3885
－21	0.6193	0.62629	0.63882
－24	0.67406	0.68926	0.75254
半致死温度/℃	－19.84	－19.37	－20.41

15 a 树龄 5 h、12 h 和 24 h 处理时间与相对电导率相关系数分别为－0.914、－0.933 和－0.874，呈明显负相关，温度越低对枝条造成的伤害也就越大。各处理库尔勒香梨枝条半致死温度分别为－18.9 ℃、－19.4 ℃和－20.7 ℃(表 4.4)，说明当温度在－19.5 ℃左右时，库尔勒香梨枝条的细胞生物膜特性变化最大，电导率改变程度明显，生物膜透性发生不可逆的损害。

表 4.4　15 a 树龄(棚外)枝条的相对电导率与半致死温度

温度/℃	相对电导率/%		
	5 h	12 h	24 h
－10	0.32745	0.34109	0.34525
－15	0.36896	0.41356	0.35635
－18	0.40168	0.43632	0.39696
－21	0.64119	0.67547	0.75313
－24	0.68261	0.73873	0.78815
半致死温度/℃	－18.9	－19.4	－20.7

20 a 树龄总体来看，－21～－18 ℃之间相对电导率增幅最大，－24～－21 ℃之间相对电导率增速减缓，－18～－15 ℃之间相对电导率增长不明显、增长率较小。5 h、12 h 和 24 h 的温度与相对电导率的相关系数分别为－0.881、－0.913、－0.890，呈明显负相关。各处理半致死温度分别为－19.7 ℃、－20.4 ℃和－20.8 ℃(表 4.5)，库尔勒香梨的细胞生物膜特性在－20.5 ℃左右时变化最大，电导率改变程度明显。

在相同温度处理下，9 a 树龄相对电导率低于 15 a、20 a，抗寒性最好，15 a 次之，20 a 最差。比较不同处理时间 5 h、12 h、24 h 下的抗寒性发现，抗寒性随着处理温度的降低而降低；且从－18 ℃降至－21 ℃过程中，相对电导率的变化率最大，抗寒性发生很大变化。低温处理时间越长，库尔勒香梨的细胞渗透率越大，抗寒性也越差，且细胞受损程度与低温处理时间有关。相对电导率与人工胁迫温度呈极显著负相关，与树龄呈负相关。库尔勒香梨半致死温度一般为－21～－19 ℃（表 4.5）。

表 4.5　20 a 树龄（棚外）枝条的相对电导率与半致死温度

温度/℃	相对电导率/%		
	5 h	12 h	24 h
－10	0.32845	0.33109	0.33845
－15	0.37896	0.36356	0.35635
－18	0.38813	0.50942	0.40748
－21	0.63545	0.74104	0.69395
－24	0.70729	0.76846	0.79669
半致死温度/℃	－19.7	－20.4	－20.8

4.3　香梨低温冻害监测预警指标

4.3.1　香梨低温冻害分级标准

冻害调查分级标准参照河北农业大学（1979）主编的《果树栽培学实验实习指导书》内容，并根据实际观测进行确定，果树一年或两年生枝条冻害特征主要分为 3 个级别。叶芽比花芽耐寒力强，花芽受冻是常见的低温冻害，根据花芽和叶芽冻害特征主要分 3 个级别，见表 4.6。

表 4.6　香梨冬季冻害等级划分

级别	花芽特征	1～3 年生枝	多年生枝	主枝、主干
轻度	全树 30% 花芽受冻变成褐色，可以萌动，但花难展开	髓部变色，新枝形成层轻微变成褐色，可恢复	正常	正常
中度	60% 花芽心部变黑死亡	木质部变色，形成层变黑	树皮局部冻伤，受冻部位轻微变色下陷	主枝形成层变褐可恢复，主干发生冻裂，裂缝小可愈合
重度	花芽柱头枯黑，雌蕊变褐，干枯脱落死亡	韧皮部深褐色，形成层变黑死亡，果苔、新枝死亡	枝条内部变褐并干枯死亡，皮部开裂脱落	主枝形成层变黑死亡；主干冻裂，裂缝宽，深达木质部，树皮发黑外卷，局部或整株干裂死亡

4.3.2　香梨低温冻害气象指标

结合不同低温与不同低温持续时间模拟试验结论提出香梨越冬冻害气象指标，同时建立果树冻害关键气象影响因子果园内与相近相似气象台站之间的相关关系，将果树冻害气象监测预警指标转换成气象台站气象要素预报指标进行监测预警，并进行业务服务试应用及检验完善（2014—2017 年），得到库尔勒香梨越冬冻害气象综合监测指标（表 4.7）。

表 4.7　香梨冬季冻害等级指标

果树部位	致灾因子	致灾等级		
		轻度	中度	重度
花芽	日最低气温≤−20 ℃的持续天数	2 d	3 d	≥4 d
	日最低气温≤−22 ℃的持续天数	1 d	2 d	≥3 d
枝条	日最低气温≤−20 ℃的持续天数	2 d	3 d	≥4 d
	日最低气温≤−22 ℃的持续天数	1 d	2 d	≥3 d
树干	日最低气温≤−24 ℃的持续天数	2 d	3 d	≥4 d

由表 4.7 可见，库尔勒香梨：(1)库尔勒香梨发生越冬冻害的临界温度是−19.0 ℃。极端最低气温在−19 ℃以上时无冻害发生，轻度冻害可能出现在−20～−19 ℃，中度冻害可能出现在−22～−21 ℃，低于−22 ℃可能出现重度冻害甚至死亡。(2)当最低气温低于−20 ℃并维持 2 d 或最低气温低于−22 ℃并维持 1 d 以上会发生轻度冻害，当最低气温低于−20 ℃并维持 3 d 以上或最低气温低于−22 ℃并维持 2 d 以上时会产生中度的冻害；当最低气温低于−24 ℃并维持 2 d 以上时，会使库尔勒香梨产生较严重的冻害，甚至死亡。

第 5 章
巴旦木

5.1 关键气象影响因子分析

5.1.1 极端最低气温

研究结果表明，影响果树冻害的主要气象因子有极端最低气温、低温持续时间、日平均气温、降水等。从莎车县 1961—2010 年冬季极端最低气温变化（图 5.1）可以看出，莎车县 1 月极端最低气温低于−18 ℃的年份有 1963 年、1964 年、1967 年、1974 年、1975 年、1978 年、1985 年、1987 年、1991 年、2002 年、2006 年和 2008 年共 12 a，其中有 6 a 低于−20 ℃，这些年都有不同程度的果树冻害发生。如 1967 年 1 月 3—5 日，气温低至−23.5 ℃；2006 年 1 月莎车县出现持续低温天气，1 月 8 日低温达到−23.4 ℃。2008 年 1 月 25 日—2 月 5 日，莎车县出现了−24.1～−20.7 ℃的极端低温，突破历史极值−23.5 ℃，巴旦木遭受严重冻害，部分枝条和花芽全部冻死，造成次年巴旦木绝产。

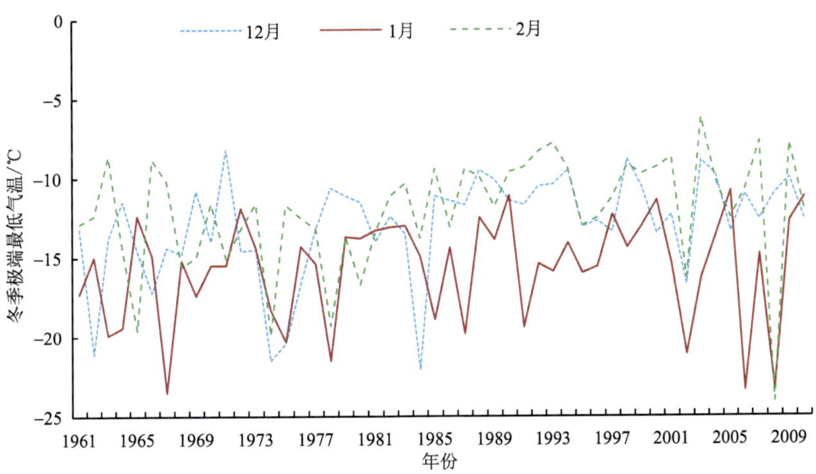

图 5.1　莎车县 1961—2010 冬季最低气温

莎车县 12 月和 2 月极端最低气温低于−18 ℃的年份均有 4 a，1984 年 12 月 21—23 日低温达到−22.1 ℃，2008 年 2 月 1 日低至−24.1 ℃。结合 50 年（1961—2010 年）中冻害发生年最低气温的变化，得出莎车县巴旦木越冬冻害最低气温指标（表 5.1）。

表 5.1　莎车县巴旦木越冬冻害最低气温指标

	无冻害	轻度冻害	中度冻害	重度冻害
极端最低气温/℃	≥−18	−20～−18	−23～−20	<−23

5.1.2　低温持续时间

2005 年和 2007 年冬季喀什地区巴旦木全部遭遇冻害，2005 年 12 月—2006 年 2 月，喀什地区为异常冷冬天气，降雪频繁，全地区气候总体呈低温冷湿特征。2006 年 1 月莎车县出现了连阴雪和强降温、持续低温天气，1 月 8 日出现了最低气温为 1961 年以来的最低值 −23.4 ℃，之后气温虽然有所回升，但是波动较大；1 月 6—10 日喀什全区最低气温均在 −21 ℃以下，低于 −19 ℃的低温持续时间在 4～62 h(表 5.2)；1 月 20 日又开始降温，这两次降温低于 −18 ℃的低温持续日数为 5 d。

表 5.2　2005 年和 2007 年冬季喀什地区最低气温及持续时间

站点	最低气温/℃		低于−19.0 ℃持续时间/h		起止日期	
	2006*	2008*	2006*	2008*	2006*	2008*
叶城	−20.5	−23.4	9	18	1 月 6—9 日	1 月 30—2 月 2 日
泽普	−21	−23.4	13	56	1 月 6—9 日	1 月 27—2 月 2 日
莎车	−23.4	−24.1	37	84	1 月 7—9 日	1 月 27—2 月 4 日
麦盖提	−24.1	−25.5	62	99	1 月 6—10 日	1 月 27—2 月 5 日
巴楚	−23.4	−24.1	35	103	1 月 7—10 日	1 月 26—2 月 4 日
伽师	−22	−24.8	4	84	1 月 7 日	1 月 28—2 月 4 日
英吉沙	−20.7	−22.6	4	44	1 月 6—8 日	1 月 27—2 月 2 日

注：2006* 指 2005 年冬季发生冻害的时间为 2006 年 1 月，2008* 指 2007 年冬季发生冻害的时间为 2008 年 1—2 月。

2008 年初，莎车县出现了 50 a 一遇的低温，最低气温为 1961 年以来的最低值 −24.1 ℃，低于 −18 ℃的低温持续日数为历史同期极大值 13 d(图 5.2)。莎车县 2008 年低温时段出现在 1 月 20 日—2 月 15 日，最低气温均比历年同期平均偏低 9.6 ℃左右；从 1 月 20 日气温持续

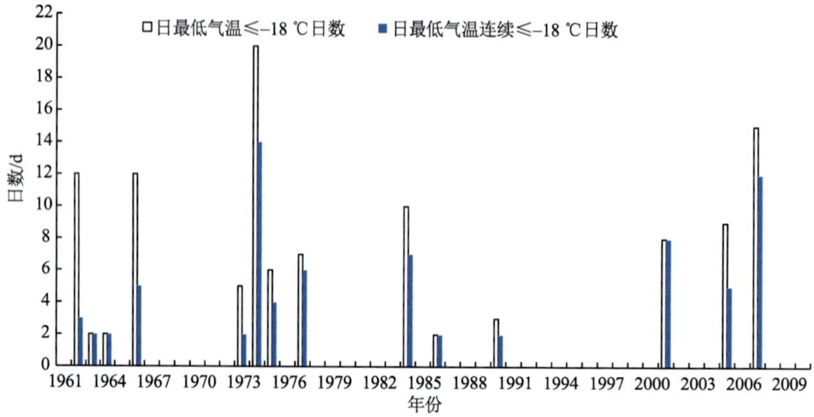

图 5.2　1961—2010 年冬季日最低气温≤−18 ℃日数

下降,降温幅度 5～15.4 ℃,至 31 日达第一个低温极值−23.3 ℃;2 月 1 日气温大幅升高,2 月 2—9 日又开始持续低温,9 日达第二个低温极值−24.1 ℃,在这段时间内≤−18 ℃多达 12 d,气温持续偏低、低温持续时间较长仅次于 1974 年。

根据莎车农业气象试验站对巴旦木进行的调查可以看出(表 5.3、表 5.4),不同区域、不同品种、不同树龄巴旦木受冻情况存在很大差异。1 月和 2 月对莎车县种植最为广泛的三个巴旦木品种进行了整株调查,包括树干、根颈部、枝条、花芽、叶芽等,见表 5.3。莎车 1 号受冻最为严重,受冻棵数占了调查棵数的 84.8%,英吉沙 2 号的受冻数量较少,受冻棵数占了调查棵数的 52%,说明英吉沙 2 号的抗冻能力较强,莎车 1 号的抗寒性较弱。对莎车县不同乡镇进行花芽、叶芽冻害调查(表 5.4),不同区域、不同品种受冻程度有所不同,如 2005 年霍什拉甫乡的花芽受害率为 40%左右,而 2007 年则达到 96%,这与低温持续时间有关。

表 5.3　2005 年和 2007 年冬季莎车县巴旦木受冻百分率调查

品种	2005 年	2007 年
莎车 1 号	84.8%	100%
英吉沙 2 号	52%	96.8%
莎车 18 号	53.6%	98.3%

表 5.4　2005 年和 2007 年冬季莎车县巴旦木冻害调查

<table>
<tr><th rowspan="2">地点</th><th rowspan="2">品种</th><th colspan="2">花芽死亡率</th><th colspan="2">叶芽死亡率</th><th colspan="2">冻害显著特征</th></tr>
<tr><th>2005</th><th>2007</th><th>2005*</th><th>2007</th><th>2005</th><th>2007</th></tr>
<tr><td rowspan="3">二林场</td><td>1 号</td><td>80%</td><td>91.8%</td><td>25%</td><td>1%</td><td rowspan="4">根颈部纵裂,韧皮部纵裂,花芽干缩,抖动树枝脱落</td><td rowspan="10">根颈部和树干韧皮部发生二次纵裂和新纵裂,纵裂宽度 0.5～1.5 cm,长度 20～145 cm;花芽受冻,无法萌动,风吹脱落</td></tr>
<tr><td>2 号</td><td>45%</td><td>90%</td><td>10%</td><td rowspan="2">无冻害</td></tr>
<tr><td>18 号</td><td>50%</td><td>100%</td><td>10%</td></tr>
<tr><td>佰什坎</td><td>混杂</td><td>80%</td><td>100%</td><td>20%</td><td>1%</td></tr>
<tr><td>东巴格</td><td>混杂</td><td>59.2%</td><td>100%</td><td>25%</td><td rowspan="2">无冻害</td><td rowspan="6">韧皮部纵裂,花芽干缩,抖动树枝脱落</td></tr>
<tr><td>霍什拉甫</td><td>混杂</td><td>10%</td><td>96%</td><td>10%</td></tr>
<tr><td>五一林场</td><td>混杂</td><td>80%</td><td>100%</td><td>20%</td><td>1%</td></tr>
<tr><td>四十五团</td><td>混杂</td><td>60%</td><td>95.3%</td><td>10%</td><td rowspan="3">无冻害</td></tr>
<tr><td>阿拉格尔乡</td><td>混杂</td><td>20%</td><td>100%</td><td>3%</td></tr>
<tr><td>阿斯兰巴格</td><td>混杂</td><td>15%</td><td>100%</td><td>20%</td></tr>
</table>

注:2005* 是指 2006 年 3 月中旬的倒春寒天气引起巴旦木叶芽受冻。

综合上述,2006 年 1 月份冻害≤−18 ℃低温持续 5 d,≤−20 ℃的低温持续 3 d,≤−22 ℃的低温 1 d;2006 年低温造成莎车县巴旦木 10%～40%的花芽冻害。2008 年 1 月 15 日—2 月 10 日的低温冻害≤−18 ℃低温持续 12 d,≤−20 ℃的低温持续 10 d,≤−22 ℃的低温多达 5 d,≤−24 ℃的低温达 2 d,造成莎车县巴旦木花芽受害率达到 90%以上,低温持续时间越长冻害越严重。

5.1.3　平均气温及降水

冬季气温变化激烈,短时间内温度大幅回升,会导致果树抗寒力的迅速下降,加上日较差大往往树体枝干会受冻。另外，地面积雪覆盖会加重冻害，雪面气温比裸露地面气温低 3～7 ℃。2006 年 1 月 2—5 日莎车县出现连续降雪天气，以小到中雪为主，其中 3 日出现大雪天气，日最大积雪深度 8.2 mm。这次降雪强度大、持续时间长，致使莎车县 1 月份平均降水量达 0.6 mm，较常年同期异常偏多。2008 年 1 月 18—21 日连续出现中到大雪的天气，23 日降水量 4.2 mm 较历史同期偏多。1 月份巴旦木树正处于深度休眠期，又有积雪覆盖，莎车县出现巴旦木花芽、嫩枝、部分枝条受冻干枯、树皮开裂。从图 5.3 可以看出，20 世纪 80 年代以后莎车县冻害发生年冬季各月均有明显降水出现，1984 年、1986 年、1990 年、2001 年、2005 年、2007 年冬季降水均为正距平，其中 2006 年 1 月份比多年平均值高 17.1 mm。

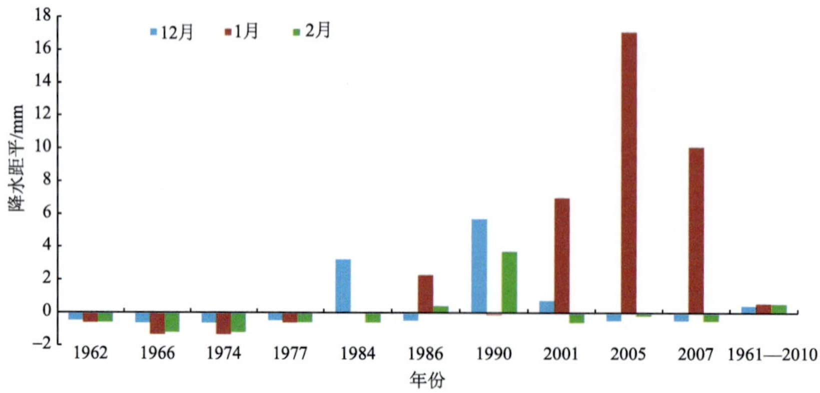

图 5.3　冻害发生年冬季各月降水距平

温度是影响植物生长和发育的重要因素，温度高于或低于一定程度植物将受害。从图 5.4 可以看出，除 1985 年外，冻害发生年冬季各月平均气温均呈现负距平，1974 年 12 月平均气温降至－11.5 ℃，较常年同期偏低 7.7 ℃；2006 年 1 月平均气温比历年偏低 4.3 ℃，2008 年 2 月较历年同期偏低 6.1 ℃，若冬季气温较常年偏低且变幅大容易引起果树皮层细胞水分冻结，以致果树受害。

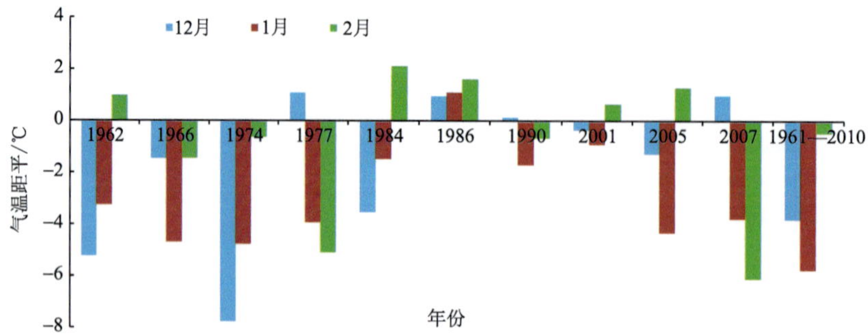

图 5.4　冻害发生年冬季各月气温距平

5.1.4　关键气象影响因子

新疆南疆莎车县一带已有上千年的栽培巴旦木的历史，是目前国内唯一的主产地。利用该区 1951—2010 年冬季气象资料及相应年份时期的冻害发生情况，进行对比分析，建立该区

1961—2010 年 50 年冬季各月(12 月—翌年 2 月)最低气温数据库,计算逐日平均最低气温、各月极端最低气温和冬季平均气温、降水、低温持续时间等,研究冻害界限温度,确定该地区巴旦木越冬时期发生冻害定量气象指标。

气象资料用莎车县气象局本站资料,冻害灾情资料来自莎车县农业局、林业局和《中国气象灾害大典·新疆卷》(史玉光,2006)。气象要素常年值取县气象局本站 1971—2000 年的统计值,四季的划分采用气象划分法以公历 3—5 月为春季,6—8 月为夏季,9—11 月为秋季,12 月—翌年 2 月为冬季。

5.2 对巴旦木形态生理特性的影响

5.2.1 试验设计与观测方法

新疆喀什地区莎车县一带已有上千年栽培巴旦木历史,是目前国内唯一的主产地。越冬冻害低温处理试验于 2010 年深冬时期进行,巴旦木处于休眠期。选取 3 个当地主栽品种莎车 1 号(SC1)、英吉沙 2 号(YJS2)、莎车 18 号(SC18),每个品种分老(O)、中(Y)两个树龄,老龄树 1988 年嫁接,中龄树 2000 年嫁接。采样时间为 2010 年 12 月中下旬至 1 月中旬。

选取各树种树龄、栽培管理基本相同的一年或两年生枝条。各品种按照对角线法选取生长势相近的树 10 株,从每株树上随机采 10 条一年生枝条和少许两年生枝条,要求枝条充分成熟,整齐均匀,粗度相近(直径 0.4~0.6 cm),剪留长度为 40 cm。用湿布包裹分类贴上标签装入聚乙烯袋,自来水冲洗干净后蒸馏水冲洗,用吸水纸吸干水分,将枝条末端进行蜡封。蜡封后的枝条分成 5 份,一份作为对照,其余每份作为低温处理,放于冰箱中保存备用。

试验设置 6 个胁迫温度处理,不进行低温处理的样品为对照,−18 ℃、−21 ℃、−24 ℃、−27 ℃、−30 ℃,各个低温处理持续时间分别为 2 h、5 h、12 h、24 h,每个温度设 3 个重复。将分装好的枝条放入低温冰箱(日本三洋公司生产),以 3 ℃/h 速度降温,降温至 −18 ℃停留 2 h,再以 3 ℃/h 的速度升温至 0 ℃取出样品(3 份);以同样的方法放入下一组,以 3 ℃/h 的速度降温至 −18 ℃停留 5 h,再以 3 ℃/h 的速度升温至 0 ℃取出样品(3 份)。以同样的方法进行其他温度的低温处理。处理后的样品蒸馏水冲洗 2 遍,吸水纸擦拭后晾干,置于室温下恢复 24 h,进行各项生理生化指标的测定和冻害形态的观测拍照。其他试验设计与观测方法,同红枣果树一致,内容见第 2 章 2.2.1 试验设计与观测方法。

5.2.2 形态特性的差异变化

枝条冻害形态特征是利用枝条受冻后的颜色、受损部位、受损面积等外表形态来确定受冻情况的定性指标,是低温冻害对其生理生化影响的形态表现,不能量化。对不同低温、不同持续时间处理后的枝条和花芽在室温下(10~15 ℃)放置 24 h,用刀片切开枝条和花芽、叶芽进行观测和拍照,并与未处理的样品进行对比分析。观测项目包括枝条韧皮部、髓、木质部的颜色以及叶芽、花芽的颜色,进行详细的记录并统计分析(表 5.5)。

以巴旦木为例,不同品种巴旦木枝条、花芽和叶芽冻害特征存在明显差异。处理温度越低、低温处理时间越长,冻害特征越明显。

−18 ℃低温持续 2 h 处理后观察发现,莎车 1 号老龄花蕊和花芽基部大部分已变为浅褐色,枝条髓部浅褐色,相比之下其他样品的颜色均与未处理的相同,由此说明,−18 ℃低温持续 2 h，莎车 1 号老龄花芽已经发生 2 级冻害、枝条发生 1 级冻害。

−18 ℃低温持续 5 h 处理后，所有样品花芽基部已变为浅褐色，以莎车 1 号老龄的颜色较深；切开枝条剖面观察，所有样品髓部已变为浅褐色，莎车 1 号老龄的木质部已变为黄褐色。

表 5.5 不同品种巴旦木的冻害级别

品种		冻害级别	冻害温度/℃	低温持续时间/h	冻害温度/℃	低温持续时间/h
			枝条		花芽	
莎车 1 号	老龄	1	−18	5	−18	2
		2	−18	12	−18	12
		3	−18	24	−21	12
		4	−24	24	−24	12
英吉沙 2 号		1	−21	5	−18	5
		2	−21	5	−21	5
		3	−27	2	−21	24
		4	−27	24	−24	24
莎车 18 号		1	−18	12	−18	5
		2	−24	2	−18	12
		3	−24	12	−21	5
		4	−24	24	−21	24
莎车 1 号	中龄	1	−18	12	−18	5
		2	−18	24	−18	12
		3	−24	12	−21	2
		4	−24	24	−21	24
英吉沙 2 号		1	−18	12	−18	5
		2	−18	24	−18	12
		3	−24	5	−21	12
		4	−27	5	−21	24
莎车 18 号		1	−18	12	−18	5
		2	−18	24	−18	12
		3	−24	12	−21	12
		4	−27	5	−21	24

处理温度继续下降，低温持续时间变长时，受冻症状更加明显，且受损程度继续加重。当温度下降到−21 ℃持续处理 5 h 后，英吉沙 2 号老龄开始出现冻害症状，表现为花芽基部褐色、花蕊变黄褐色，表面水渍状；髓部变褐色、木质部也开始变色。−27 ℃低温持续处理 24 h 后，所有样品冻害症状非常明显，花芽开始大量枯死，枝条开始枯干。部分低温处理后冻害特征观测图片，见图 5.5。

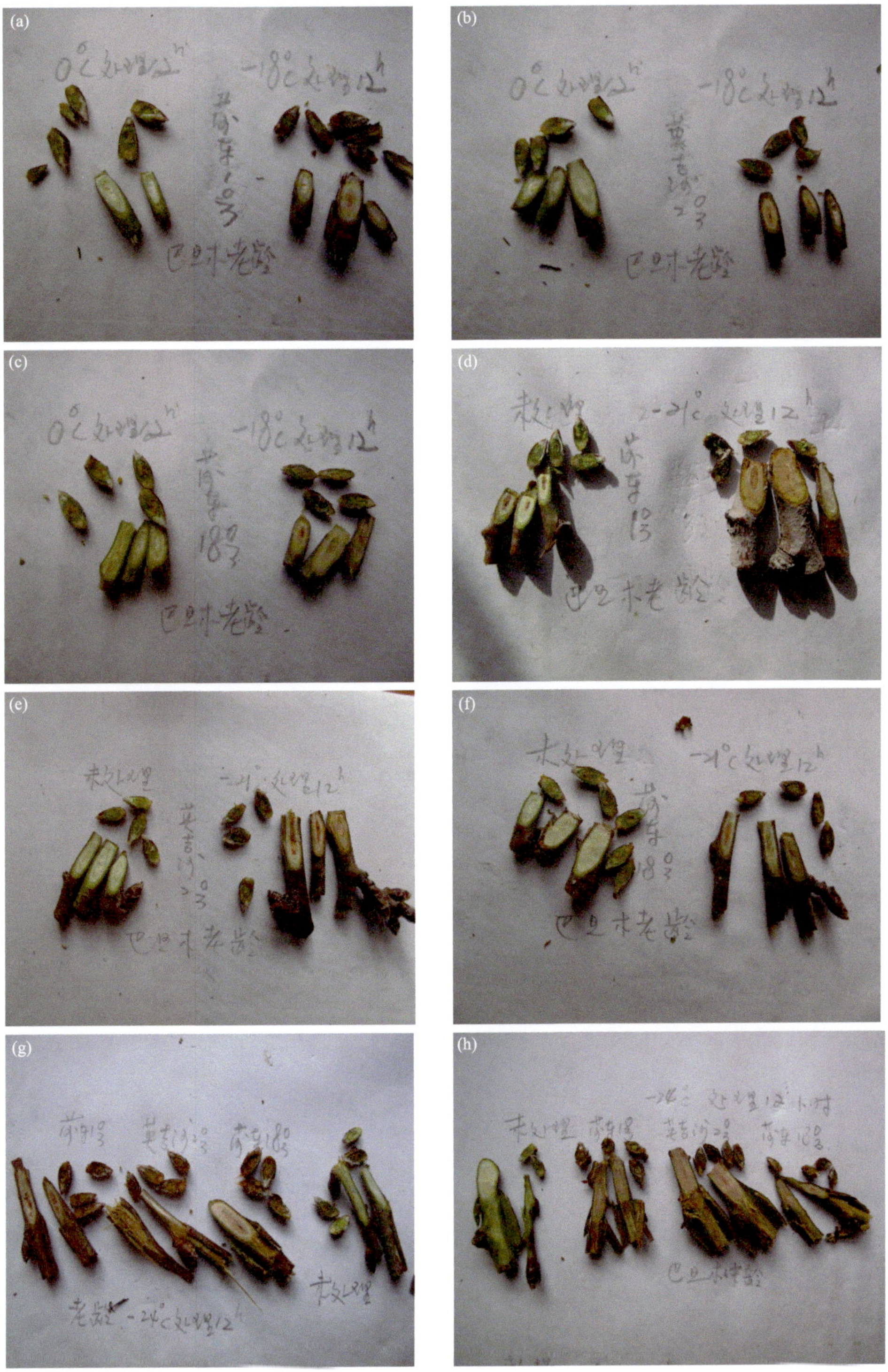

图 5.5 不同品种巴旦木冻害形态特征 (a)莎车 1 号老龄，对照和－18 ℃，12 h 处理；(b)英吉沙 2 号老龄，对照和－18 ℃，12 h 处理；(c)莎车 18 号老龄，对照和－18 ℃，12 h 处理；(d)莎车 1 号老龄，对照和－21 ℃，12 h处理；(e)英吉沙 2 号老龄，对照和－21 ℃，12 h 处理；(f)莎车 18 号老龄，对照和－21 ℃，12 h 处理；(g)老龄，对照和－24 ℃，12 h 处理；(h)中龄，对照和－24 ℃，12 h 处理

5.2.3 生理特性的差异变化

(1)枝条细胞质膜透性的差异变化

植物在低温胁迫下，细胞膜的半透性受伤害胞内电解质的外渗量增加，且不同植物细胞的受害程度不同，电解质外渗量变化不一样，所以电解质渗出率可用于反映组织的伤害程度和植物细胞的抗性大小，常用低温伤害前后的相对电导率来表示膜内电解质的渗出率。

从图 5.6 可以看出，不同温度与相对电导率之间具有线性相关关系，随处理温度下降相对电导率逐渐上升，巴旦木枝条伤害程度在加重。巴旦木枝条不同低温处理与相对电导率的相关分析结果表明(表 5.6)，温度与相对电导率之间存在显著负相关关系($P<0.01$)。

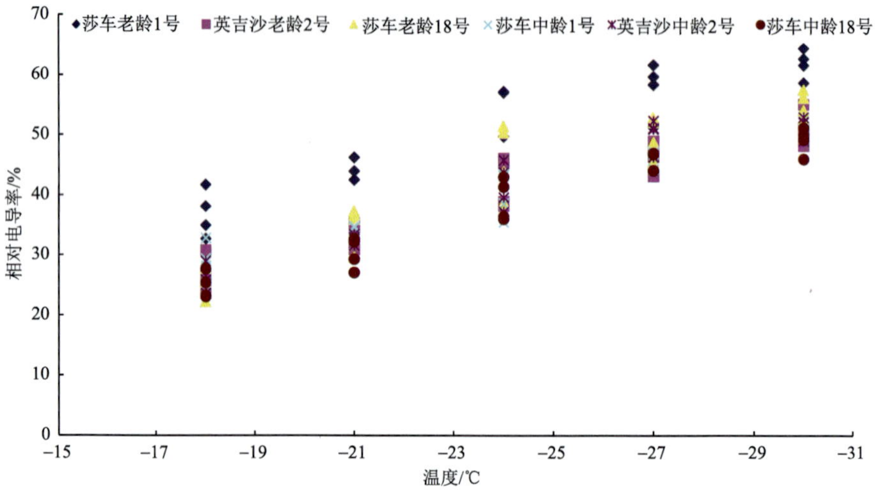

图 5.6 温度与相对电导率对应散点图

表 5.6 温度与各样品电导率的相关性分析

	SC1-O	YJS2-O	SC18-O	SC1-Y	YJS2-Y	SC18-Y
相关系数	−0.872**	−0.954**	−0.931**	−0.968**	−0.954**	−0.959**
P	0.000	0.000	0.000	0.000	0.000	0.000

注：** 表示 $P<0.01$。

不同品种、不同树龄巴旦木枝条在不同低温处理下相对电导率的变化存在明显差异(图 5.7)。从总体看，随处理温度的降低，枝条相对电导率越来越大，呈增加趋势，伤害程度在加重。

在−21～−18 ℃的处理条件下，巴旦木枝条相对电导率虽逐渐增加，但变化幅度相对较小，上升趋势平缓；随温度的持续降低，相对电导率在−27～−24 ℃处理之间出现急剧增加，变化幅度最大，细胞膜的受损程度加重；在−30 ℃低温处理下，枝条相对电导率均达到最大值，除莎车老龄 1 号增加 40%以上外，其余品种都比对照处理增加了 29.8%～39.6%。由此说明，−27～−24 ℃的低温对巴旦木枝条影响较为明显，电解质渗出率大幅度剧增，是细胞膜受到伤害后导致透性增强的结果，这种低温范围被称为临界低温，但不同品种遭受的低温持续时间不同，枝条受损程度应有所不同。

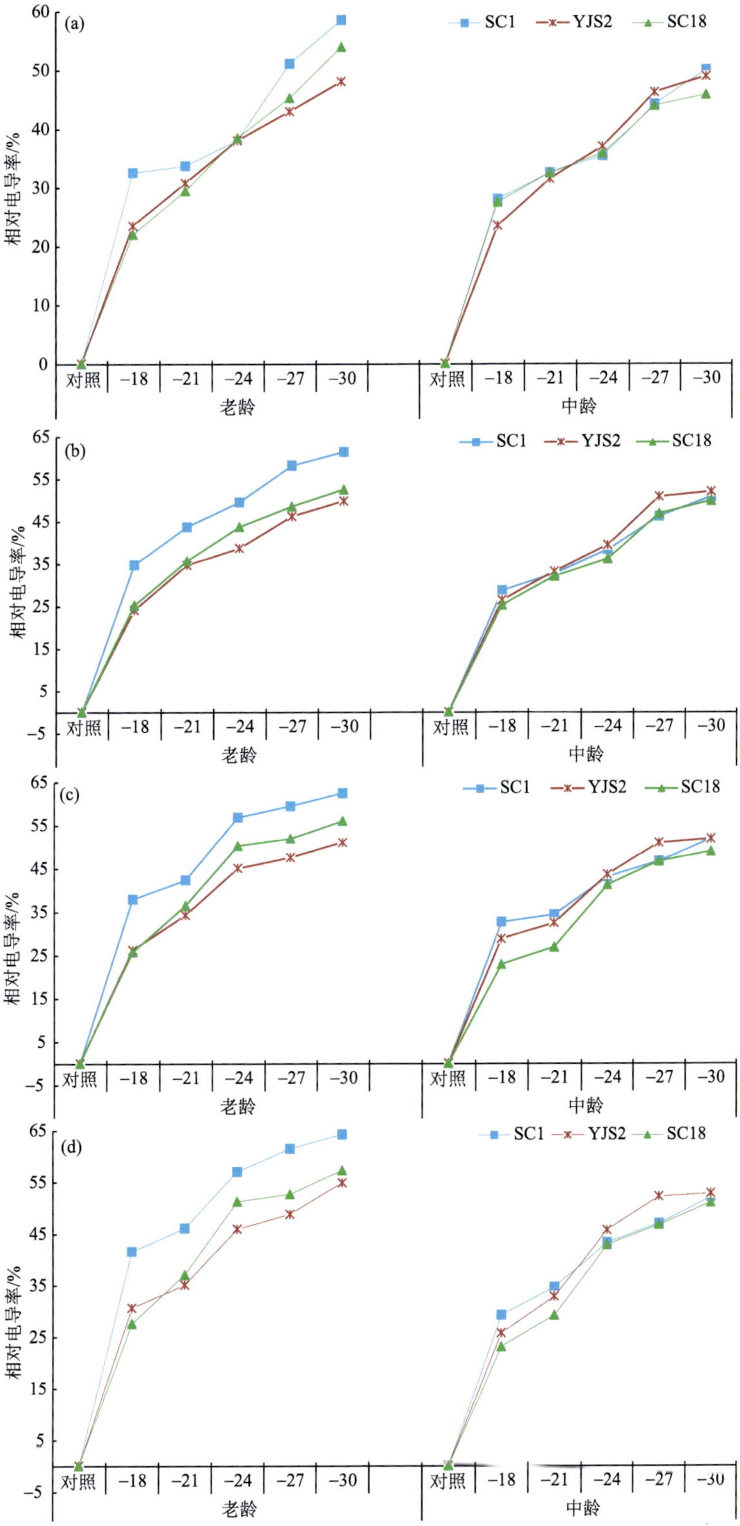

图 5.7　不同低温处理巴旦木枝条相对电导率变化

(a)2 h 处理;(b)5 h 处理;(c)12 h 处理;(d)24 h 处理

低温处理后，不同品种巴旦木枝条相对电导率存在显著差异（$P<0.05$），说明抗寒性强弱有所不同。在不同低温处理条件下，各品种的相对电导率老龄、中龄树种均以莎车 1 号显著高于其他品种，平均分别为 49.7％、40.2％，抗寒性最弱，且不同树龄间存在明显差异；英吉沙 2 号相对电导率较低，老龄、中龄平均分别为 39.9％、40.3％。

不同树龄间差异不显著，抗寒性较强；不同品种间莎车 18 号老龄相对电导率值居中，平均为 42.2％，而中龄相对电导率值最低，平均为 37.8％，不同树龄间变化较大，抗低温伤害能力较弱。

从图 5.7 可以看出，随低温处理时间的延长，巴旦木枝条相对电导率逐渐增大，低温持续时间越长，枝条受损程度加重。不同品种、不同树龄巴旦木抗低温伤害的承受时间有所不同，莎车 1 号老龄的变化最明显，24 h 比 2 h 处理相对电导率平均高 11.4％，而中龄之间仅相差 3.2％。英吉沙 2 号老龄、中龄枝条 24 h 比 2 h 处理相对电导率平均分别高 6.4％、4.4％，莎车 18 号平均分别高 7.3％、1.5％。不同低温处理时间下莎车 1 号不同树龄的变化较大，英吉沙 2 号的差异相对较小，说明莎车 1 号抗低温伤害能力较弱，英吉沙 2 号抗寒性较强。

不同低温处理之间，不同品种老龄、中龄枝条均以－24 ℃低温下 2 h 与 24 h 处理相对电导率相差最大，变率为 7％～19％；且 2 h、5 h 低温处理后枝条相对电导率上升幅度均小于 12 h、24 h 处理。其他低温处理下不同持续时间之间枝条相对电导率相差较小，－18 ℃相差 0.5％～5％，－21 ℃和－27 ℃均相差 2％～10％，－30 ℃相差 2％～6％，说明不同低温持续时间下，对枝条是否受损影响较大的低温范围为－27～－24 ℃。

（2）枝条半致死温度的差异变化

半致死温度越低，抗寒性越强，是一种便于在不同材料间进行比较的客观指标。半致死温度意味着在此温度上，温度每降低一个单位量，导致的冻害程度增加量最大。本试验采用 Logistic方程 $y=k/(1+ae-bx)$ 中拐点温度来估计不同品种巴旦木的半致死温度（LT_{50}），见表 5.7。

从表 5.7 可以看出，低温处理持续时间越长，各品种巴旦木枝条半致死温度越高，不同品种抗低温伤害能力逐渐减弱；且中龄巴旦木枝条半致死温度均明显低于老龄巴旦木，说明中龄巴旦木抗低温伤害能力较强，但不同品种间存在较大差异。不同树龄段英吉沙 2 号不同低温持续时间处理下 LT_{50} 的差别较小，平均相差 0.42 ℃；莎车 18 号老龄与中龄之间平均相差 2.28 ℃，莎车 1 号平均相差 5.86 ℃，说明英吉沙 2 号对低温持续时间变化的响应快，抗寒能力较强，莎车 1 号对低温持续时间变化的响应较慢，抗寒能力较弱。

回归方程的各参数之间存在不同的差异，其中 a 值变异系数较小（$C_V=0.235\%$），b 值在各品种间变异较大（$C_V=7.26\%$）。方程的拟合度为 0.8601～0.9734，表明不同低温和低温持续时间处理下的电解质外渗率变化遵循 Logistic 方程的变化规律，且与半致死温度呈线性关系。从表 5.7 可以看出，不同品种巴旦木枝条半致死温度存在显著差异。莎车 1 号、英吉沙 2 号、莎车 18 号的半致死温度平均分别为－27.9 ℃、－29.2 ℃、－28.8 ℃，英吉沙 2 号的抗寒性较强。但不同品种、不同树龄巴旦木枝条的半致死温度在－32.7～－23.1 ℃（－30.8～－24.9 ℃）之间，这与朱京琳（1984）研究巴旦木冻害的临界低温（－26～－24 ℃）有一定差距，这是由于本试验考虑了果树的树龄差异，但仅测定了果树枝条的电导率，未考虑花芽和叶片；且试验在 1 月份进行，所测样品已经完全进入休眠期，对于花芽越冬冻害的适应性变化还需继续研究。

表 5.7　不同品种巴旦木枝条半致死温度(LT_{50})的差异

品种		处理时间/h	拟合度(R^2)	LT_{50}/℃
SC1	老龄	2	0.9276**	−27.7
YJS2			0.9440**	−30.2
SC18			0.9536**	−28.3
SC1	中龄		0.9870**	−31.5
YJS2			0.9151**	−29.4
SC18			0.9697**	−32.7
SC1	老龄	5	0.9734**	−25.0
YJS2			0.9057**	−29.5
SC18			0.8913**	−28.5
SC1	中龄		0.9921**	−30.7
YJS2			0.9477**	−28.9
SC18			0.9671**	−29.8
SC1	老龄	12	0.9110**	−24.1
YJS2			0.8967**	−29.0
SC18			0.8601**	−27.1
SC1	中龄		0.9646**	−31.2
YJS2			0.9297**	−29.2
SC18			0.9112**	−29.0
SC1	老龄	24	0.9529**	−23.1
YJS2			0.9602**	−28.6
SC18			0.8818**	−27.0
SC1	中龄		0.9611**	−30.0
YJS2			0.8921**	−28.1
SC18			0.9110**	−28.5

注：** 表示 $P \leqslant 0.01$。

(3)枝条叶绿素荧光特征的差异变化

叶绿素荧光诱导动力学以光合作用理论为基础，是研究植物光合生理状况及植物与逆境胁迫关系的理想探针。本试验利用低温处理下叶绿素荧光参数的变化，探讨和分析不同巴旦木品种抗寒性的差异。由于试验的客观原因以，叶绿荧光参数的测定需和相对电导率测定同步进行，因此仅选取了 3 个中龄巴旦木品种，在低温处理 24 h 后，放置 24 h 进行测定。测定所用材料为巴旦木枝条表皮，采用多次重复，取其平均值进行计算。

从图 5.8 可以看出，随处理温度的降低，巴旦木枝条的基础荧光逐渐上升，达到峰值后随温度的降低逐渐下降，但不同品种间存在明显差异。与对照相比，−18 ℃低温处理下莎车 1 号 F_o值有所上升，说明此时巴旦木枝条已处于低温胁迫中；−24 ℃低温处理下莎车 1 号 F_o达到最大值，与对照相比上升了 80.6%，之后随温度的下降 F_o值有所降低。

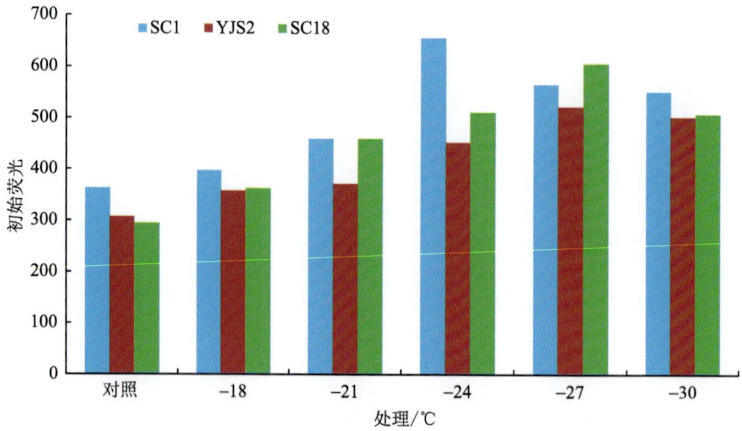

图 5.8　不同低温处理后初始荧光(F_o)的变化

英吉沙 2 号和莎车 18 号均在－27 ℃低温处理下 F_o达到最大值，与对照相比分别上升了 70.1%、105.7%。说明英吉沙 2 号抗寒性较强，F_o上升的幅度相对较小，且 F_o最大值出现时的低温较抗寒性弱的品种相对较高。F_o随着温度的下降在逐渐升高，到达某一温度时 F_o值开始下降，这一界限温度在－27～－24 ℃；且方差分析结果表明，仅在－24 ℃和－27 ℃低温处理下，三个品种之间 F_o值差异极显著($P<0.01$)。

F_v/F_m反映了 PSII 原初光能转化效率，F_v/F_m下降说明胁迫条件下，PSII 受到损伤和非光化学过程能量耗散的增强。从图 5.9 可以看出，低温胁迫下巴旦木枝条 F_v/F_m值呈明显下降趋势，但不同品种间的差异有所不同。与对照相比，－18 ℃低温处理下莎车 1 号 F_v/F_m值下降了 5.1%，而英吉沙 2 号和莎车 18 号下降幅度较小。－21 ℃低温处理下分别下降 16.5%、10.8%、35.2%，－24 ℃时分别下降 38.4%、33.1%、37.3%，说明－21 ℃的低温已造成 PSⅡ结构的严重损伤，－24 ℃时受损程度加重，但抗寒性强的品种受损程度低于抗寒性弱的品种。这与 F_o值的变化趋势相一致，－27～－24 ℃左右的低温会造成 PSⅡ结构的损伤，且品种抗寒性越差，果树 PSII 结构受损越明显。

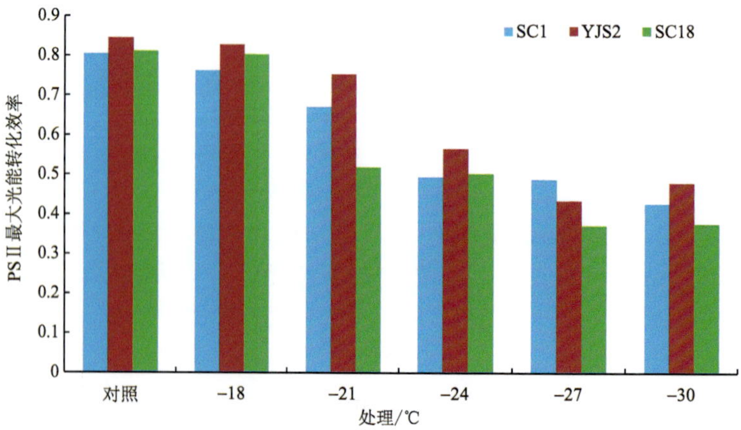

图 5.9　不同低温处理后 F_v/F_m的变化

5.2.4 小结

莎车 1 号、英吉沙 2 号和莎车 18 号是新疆喀什地区巴旦木的主栽品种。随处理温度降低，相对电导率逐渐增加，枝条细胞膜受损程度在加重。引起巴旦木品种低温伤害的临界温度范围为－27～－24 ℃，3 个品种枝条半致死温度（LT_{50}）分别为－24.9 ℃、－29.3 ℃、－27.7 ℃，英吉沙 2 号的抗寒性较强。

5.3 巴旦木低温冻害监测预警指标

5.3.1 巴旦木低温冻害分级标准

冻害调查分级标准参照河北农业大学（1979）主编的《果树栽培学实验实习指导书》内容，并根据实际观测进行确定，果树一年或两年生枝条冻害特征主要分为 3 个级别。叶芽比花芽耐寒力强，花芽受冻是常见的低温冻害，根据花芽和叶芽冻害特征主要分为 3 个级别，见表 5.8。

表 5.8　巴旦木冬季冻害等级划分

级别	花芽叶芽特征	1～3 年生枝	多年生枝	主枝、主干
轻度	全树 30%花芽受冻变成褐色，可以萌动，但花难展开，叶芽可萌动	新枝形成层轻微变成褐色，可恢复	正常	正常
中度	60%花芽心部变黑死亡，叶芽变褐	形成层变黑，韧皮部深褐色	形成层变黑，可恢复	主枝形成层变褐可恢复，主干正常
重度	花芽叶芽死亡	形成层、皮层变黑死亡，果苔、新枝死亡	形成层变黑死亡	主枝形成层变黑死亡，局部或整株干裂死亡

5.3.2 巴旦木低温冻害气象指标

（1）低温冻害气象指标

对 1961—2010 年有冻害发生年冬季莎车县的各项冻害气象要素值进行了统计，莎车县巴旦木越冬冻害应满足以下各项气象指标：(1)冬季当平均气温较常年持续偏低，有明显降温天气，在日极端最低气温低于－18 ℃并持续 2 d 以上，且有持续降水天气过程下，果树枝条和花芽会发生轻度冻害。(2)冬季气温较常年持续偏低，有明显降温天气，当极端最低气温达到－20 ℃且日最低气温连续≤－20 ℃的天数≥3 d，果树枝条会发生中度冻害。(3)冬季平均气温较常年持续偏低 3.0 ℃以上，且有明显降温且伴随降水天气过程，极端最低气温≤－23 ℃且持续 2 d，果树会发生严重冻害。

（2）低温冻害生理指标

电解质渗出率大幅度剧增，是细胞膜受到伤害后导致透性增强的结果，这种低温范围被称为临界低温。试验结果表明，不同低温持续时间下，对巴旦木枝条是否受损影响较大的低温范围均为－27～－24 ℃。

半致死温度意味着在此温度上，温度每降低一个单位量，导致的冻害程度增加量最大。半致死温度越低，抗寒性越强。本试验采用 Logistic 方程 $y=k/(1+ae-bx)$ 中拐点温度来估计不同品种果树的半致死温度（LT_{50}），结果表明，低温处理持续时间越长，果树枝条半致死温度越高，不同品种抗低温伤害能力逐渐减弱；不同品种、不同树龄巴旦木果树枝条的半致死温度为－32.7～－23.1 ℃。

叶绿素荧光诱导动力学以光合作用理论为基础，是研究植物光合生理状况及植物与逆境胁迫关系的理想“探针”。低温处理试验结果表明，基础荧光 F_o在非胁迫条件下与叶绿素的含量相关，在胁迫条件下呈上升的趋势；F_o随着温度的下降在逐渐升高，到达某一温度时 F_o值开始下降，这一界限温度为－27～－24 ℃；且方差分析结果表明，仅在－24 ℃和－27 ℃低温处理下，三个品种之间 F_o值差异极显著($P<0.01$)。低温胁迫下巴旦木枝条 F_v/F_m值呈明显下降趋势，－21 ℃的低温已造成 PSⅡ结构的严重损伤，－24 ℃时受损程度加重，但抗寒性强的品种受损程度低于抗寒性弱的品种。这与 F_o值的变化趋势相一致，为－27～－24 ℃的低温会造成 PSⅡ结构的损伤，且品种抗寒性越差，果树 PSII 结构受损越明显。

(3)低温冻害综合指标

通过对越冬期间果树冻害历史灾情资料的调查及最低气温数据库的建立，结合低温处理试验，计算确定巴旦木冻害的半致死温度，得出巴旦木越冬冻害气象监测指标：(1)冬季平均气温较常年持续偏低，有明显降温天气，出现－18 ℃以下低温并持续 2 d 以上，休眠期的巴旦木花芽会发生轻度冻害。(2)冬季当平均气温较常年持续偏低，有明显降温天气，日极端最低气温低于－18 ℃并持续 2 d 以上，且有持续降水天气过程下，巴旦木枝条和花芽会发生轻度到中度冻害。(3)冬季气温较常年持续偏低，有明显降温天气，极端最低气温达到－21 ℃且日最低气温连续≤－21 ℃的天数≥3 d，巴旦木枝条会发生中度冻害。(4)冬季平均气温较常年持续偏低 3.0 ℃以上，且有明显降温且伴随降水天气过程，极端最低气温≤－23 ℃且持续2 d，巴旦木整树(包括枝条和树干)会发生严重冻害(表 5.9)。

表 5.9 巴旦木冬季冻害等级指标

果树部位	致灾因子	致灾等级		
		轻度	中度	重度
花芽	日最低气温≤－18 ℃的持续天数	2 d	4 d	≥5 d
	日最低气温≤－21 ℃的持续天数	1 d	2 d	≥3 d
	日最低气温≤－23 ℃的持续天数	1 d	2 d	≥3 d
枝条	日最低气温≤－21 ℃的持续天数	1 d	2 d	≥4 d
	日最低气温≤－23 ℃的持续天数	1 d	2 d	≥3 d
树干	日最低气温≤－23 ℃的持续天数	2 d	3 d	≥4 d

第 6 章
构　杞

6.1　初终霜日及霜冻日数时空变化

6.1.1　初霜日年际变化

从初霜日的时间变化曲线可以看出(图 6.1a),1961—2019 年新疆地区初霜日整体呈推迟趋势,气候倾向率为 1.7 d/(10 a),通过了 $\alpha=0.01$ 的显著性水平检验;平均初霜日最早为 1968 年 9 月 28 日,最晚为 2006 年 10 月 28 日,相差 30 d。初霜日突变结果显示(图 6.1b),UF 曲线在 1977 年以后由负值转为正值,且 UF 曲线于 2004 年以后超出 $\alpha=0.05$ 显著性水平临界线,根据 UF 和 UB 曲线在两条临界线之间的交点,确定 1991 年为初霜日的突变年。

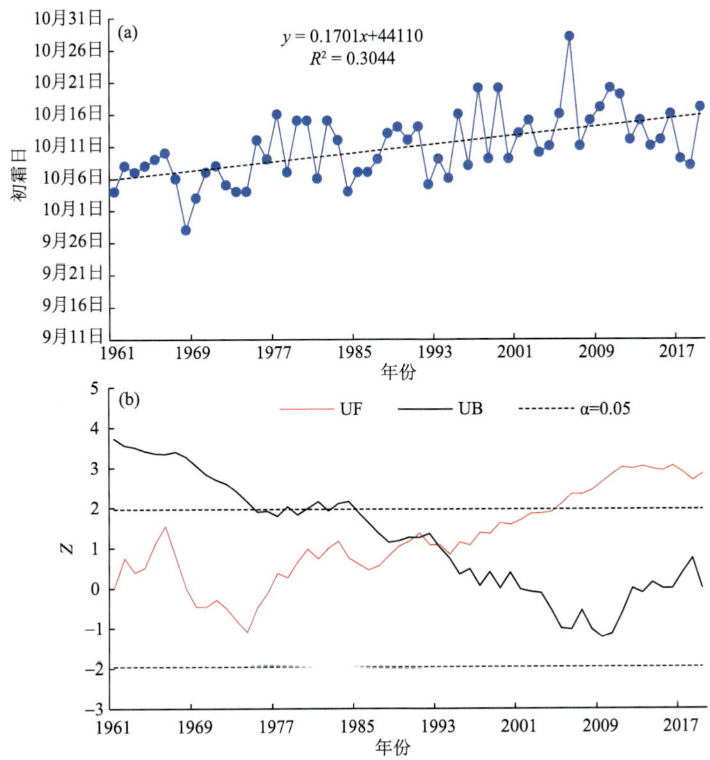

图 6.1　1961—2019 年新疆初霜日年际变化和 M-K 突变检验

(Z 是计算突变的一个系数,无量纲)

6.1.2 终霜日年际变化

从终霜日的时间变化曲线可以看出(图 6.2a),1961—2019 年新疆地区终霜日整体呈提前趋势,气候倾向率为−2.0 d/(10 a),通过了 α=0.01 的显著性水平检验;平均终霜日最晚为 1975 年 4 月 24 日,最早为 2016 年 3 月 28 日,相差 27 d。从 Mann-Kendall 突变检验结果(图 6.2b)可以看出,UF 曲线在 1994 年以后均为负值,UF 和 UB 曲线在 2000 年前后相交于一点,且 UF 曲线于 2004 年以后超出 α=0.05 显著性水平临界线,表明新疆地区终霜日发生了显著突变,突变发生在 2000 年。

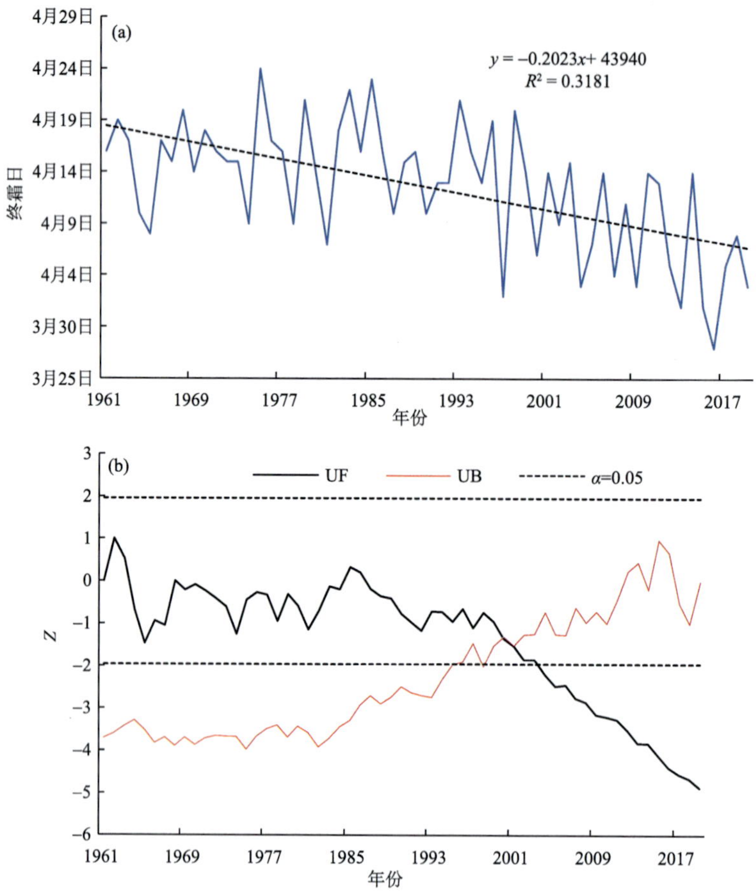

图 6.2 1961—2019 年新疆终霜日年际变化和 M-K 突变检验

6.1.3 霜冻日数年际变化

从霜冻日数的年际变化趋势线可以看出(图 6.3a),新疆平均霜期呈波动性缩短趋势,气候倾向率为−3.4 d/(10 a),通过了 α=0.05 的显著性水平检验。平均霜冻日数为 153.4 d,最短霜冻日数为 135.4 d(2006 年),最长为 166.4 d(1976 年),平均霜冻日数相差 31 d。从 Mann-Kendall 突变检验结果(图 6.3b)可以看出,UF 曲线在 1961—1976 年处于 0 值附近,1977 年开始全部转为负值,UF 和 UB 曲线在 1996 年前后相交于一点,且 UF 曲线于 2005 年以后超出 α=0.05 显著性水平临界线,表明新疆平均霜冻日数发生了由多到少的显著突变,突变发生在 1996 年。

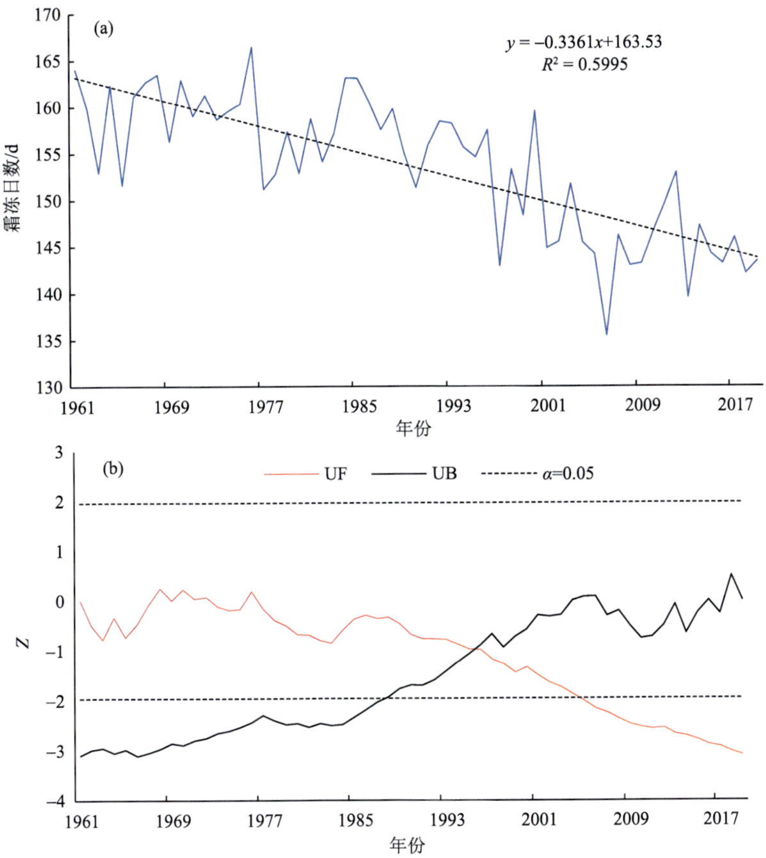

图 6.3　1961—2019 年新疆霜冻日数年际变化和 M-K 突变检验

6.1.4　初霜日空间变化

通过对初霜日空间变化图可以看出(图 6.4)，南、北疆和东疆初霜日相差较大，北疆和东疆(除吐鲁番)普遍在 9 月下旬至 10 月上旬，吐鲁番地区初霜期较晚，在 10 月中旬至 11 月上旬；南疆大部地区在 10 月中旬至 11 月上旬，其中巴州在 10 月 1—22 日，南疆其他地州普遍在 10 月 22 日—11 月 9 日。其中乌鲁木齐大西沟、克州吐尔尕特、巴州巴音布鲁克在 8 月上旬，阿勒泰青河、哈密巴里坤、喀什塔什库尔干在 9 月中旬，初霜日出现最早；和田地区和田市、喀什叶城县、克州阿图什市、吐鲁番地区吐鲁番市初霜出现在 11 月上旬，出现日期较晚。初霜日最早与最晚相差 93 d。

全疆大部地区初霜日倾向率为正值，为初霜日推后，其中南疆局部初霜日倾向率为负值，为初霜日提前现象；北疆偏西地区与东疆部分地区倾向率较大，为明显的初霜日推后；北疆地区倾向率为(0.04～0.46)d/(10 a)，相差较大，其中最大值位于伊犁霍尔果斯，最小值为昌吉州阜康市天池站，相差 0.41 d/(10 a)；东疆地区倾向率为(－0.01～0.38)d/(10 a)，仅哈密地区伊吾县为－0.01d/(10 a)，其余均为正值，最大值为哈密巴里坤，相差 0.39 d/(10 a)；南疆倾向率为(－0.14～0.37)d/(10 a)，最大值位于克州乌恰，最小值位于阿克苏库车，相差

0.51 d/(10 a)。综上可知，南、北疆和东疆初霜日相差较大(93 d)；全疆大部地区初霜日倾向率为正值，但各地差异较大，尤其南疆；北疆偏西地区与东疆部分地区初霜日推后现象较为明显。

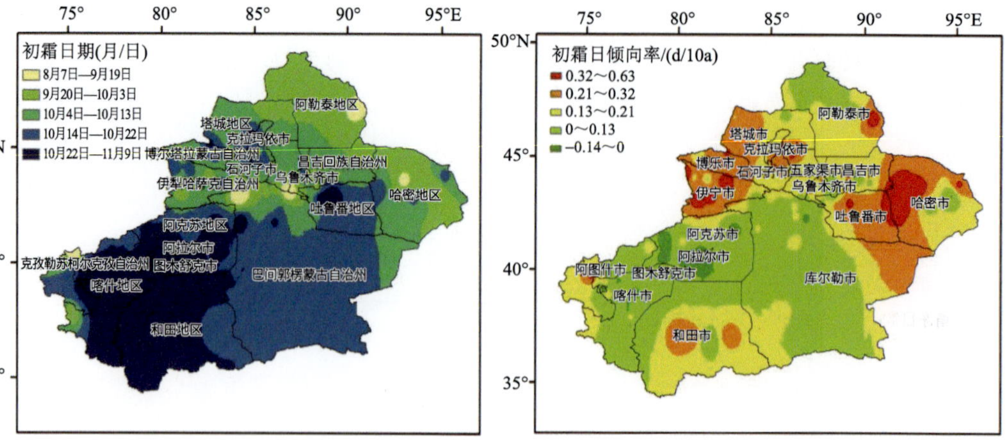

图 6.4　1961—2019 年新疆地区初霜日及其倾向率的空间分布示意图

6.1.5　终霜日空间变化

通过对终霜日空间变化图可以看出(图 6.5)，南疆大部地区终霜日早于其他地区，在 3 月 11 日—4 月 10 日，其中克州山区的吐尔尕特在 7 月 20 日；北疆、东疆在终霜期 4 月 27 日—5 月 15 日，晚于南疆，其中天山山区的乌鲁木齐大西沟站在 7 月 22 日，各地终霜日相差较大，除吐尔尕特、大西沟外，相差 67 d。

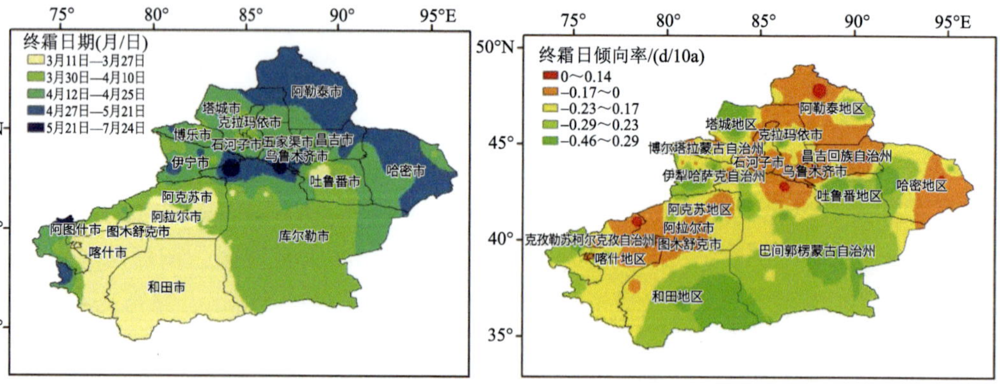

图 6.5　1961—2019 年新疆地区终霜日及其倾向率的空间分布示意图

全疆大部地区倾向率为负值，为终霜日提前，其中局部(库车、阿合奇、伊吾、阿勒泰、巴伦台)初霜日倾向率为正值，终霜日推后，对比初霜日倾向率，库车、阿合奇、伊吾与其他站点表现相反，为终霜推后，初霜提前；北疆倾向率相差较大，且小于东疆和南疆，塔城、伊犁地区倾向率较大，倾向率除阿勒泰为 0.09 d/(10 a)外，大部地区为(−0.01～−0.47)d/(10 a)，其中伊犁特克斯为−0.47 d/(10 a)；东疆除哈密伊吾为 0.03 d/(10 a)外，其余均为负值，倾向率为(−0.06～−0.43)d/(10 a)，其中吐鲁番十三间房为−0.43 d/(10 a)；南疆地区倾向率相差较大，除部分站点为正值外，大部地区为负值，为（－0.06～－0.43）d/(10 a)，其中和田民丰为－0.43 d/(10 a)。可知南疆大部地区终霜日早于其他地区，全疆大部地区倾向率为负值，北疆、南疆倾向率相差较大（图 6.6）。

6.1.6　霜冻日数空间变化

通过分析 1961—2019 年新疆地区霜冻日数空间分布图发现（图 6.6），霜冻日数呈现偏北、偏东、天山山区和南疆西南部日数较长，盆地霜冻日数较短的趋势；霜冻日数最短的站点为和田，仅 107.1 d，最长的为乌鲁木齐大西沟 295.3 d，相差 188.2 d，相差较大；北疆地区霜冻日数普遍较南疆长。其中北疆阿勒泰霜冻日数较其他地州长，南疆中西南部山区霜冻日数较长，和田、喀什霜冻日数较短；东疆中哈密市霜冻日数较吐鲁番明显偏长。

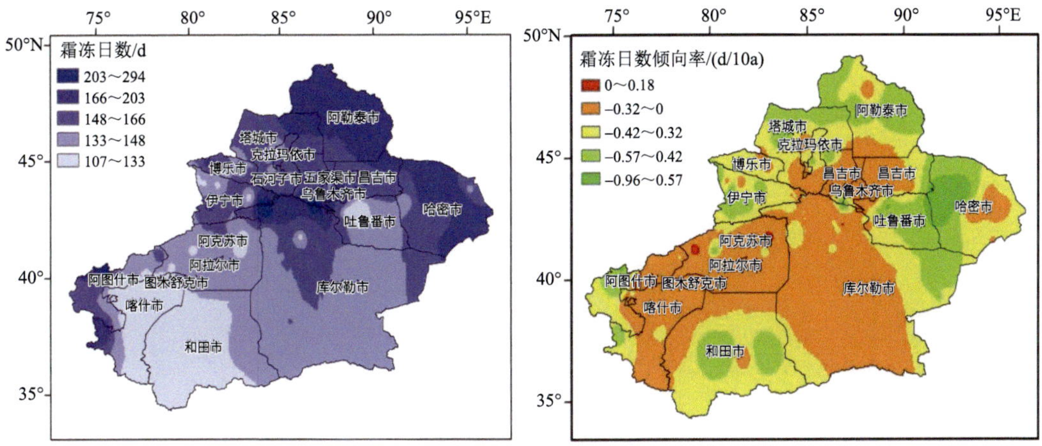

图 6.6　1961—2019 年新疆地区霜冻日数及其倾向率的空间分布示意图

从霜冻日数空间变化趋势可以看出（图 6.4），仅南疆的和硕、乌什、库车倾向率为（0.03～0.18）d/(10 a)，为增加趋势外，全疆其他地区均为负值，呈减少趋势；其中准噶尔盆地与塔里木盆地大部地区的霜冻日数倾向率较小，为（－0.04～－0.32）d/(10 a)，为较小的缩短趋势；阿勒泰、塔城、伊犁、和田、吐鲁番、哈密地区的倾向率较大，部分地区为（－0.32～－0.57）d/(10 a)，局部为（－0.57～－0.96）d/(10 a)，为明显的霜冻日数缩短趋势。综上所述，新疆偏北、偏东、天山山区和南疆西南部日数较长，盆地霜冻日数较短；大部地区为霜冻日数缩短趋势，东疆表现较为明显。

6.2　对枸杞形态生理特性的影响

6.2.1　光合生理特性的差异变化

基础荧光 F_o 与叶片叶绿素浓度有关，F_o 升高意味着光系统 II(PSII) 受到伤害或者不可逆失活。不同低温及持续时间处理下枸杞枝条叶绿素荧光参数随着温度的降低及低温持续时间的延长，低温胁迫趋于增强，枸杞枝条基础荧光 F_o 总体呈上升趋势，并且低温持续时间越长，基础荧光 F_o 升高的幅度也越大（图 6.7）。不同温度 0 ℃、－2 ℃、－4 ℃、－6 ℃、－8 ℃处理下，与对照（control check，CK）相比，枸杞枝条基础荧光平均值分别增加 2.53%、4.50%、

11.63%、18.32%、22.73%。不同时间处理下基础荧光 F_o 差异显著，与 CK 相比，3 h、6 h、9 h 基础荧光 F_o 分别增加 8.87%、11.73%、16.29%。

叶绿素荧光与光合作用各反应过程紧密相关，F_v/F_m 表示叶绿体光系统受到的伤害程度，其大小可反映植物受伤害的程度。本试验表明，随着处理温度的降低以及低温持续时间的延长 F_v/F_m 呈下降趋势（图 6.7），0 ℃、−2 ℃、−4 ℃、−6 ℃、−8 ℃的低温处理下，与 CK 相比，F_v/F_m 平均值分别下降 5.18%、13.35%、26.71%、81.62%、86.5%，−8 ℃时下降率最高。处理时间分别为 3 h、6 h、9 h 时，F_v/F_m 平均值分别下降 41.28%、67.87%、95.14%，处理 9 h 光能转化率 F_v/F_m 下降率最高。以上结果表明：低温胁迫使枸杞枝条光系统 II（PSII）生理活性发生变化，低温胁迫下叶绿素的光还原活性降低，PSII 的潜在活性和原初光能转换效率减弱。低温胁迫时间持续越长，F_v/F_m 下降幅度越高，受损变化程度差异越显著。

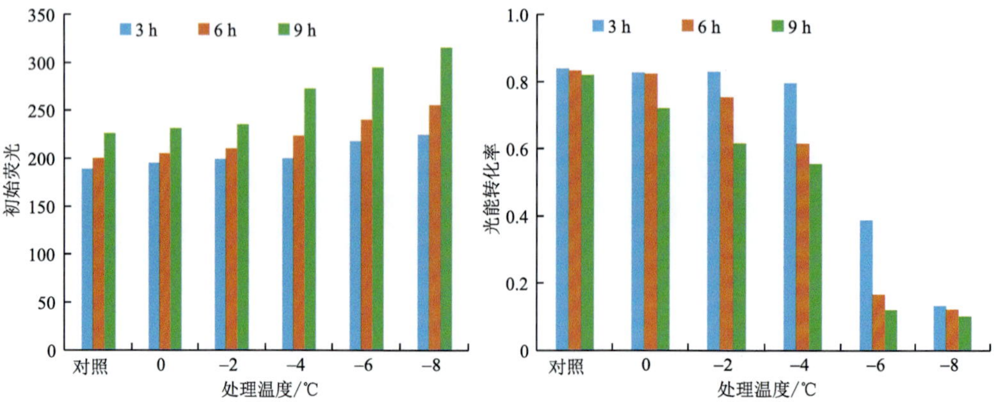

图 6.7　低温过程中枸杞枝条基础荧光（F_o）和光能转化率（F_v/F_m）的变化

6.2.2　叶绿素含量的差异变化

叶绿素是表征植物光合作用的重要参数，叶绿素含量的稳定性一定程度上反映了低温胁迫对植物的伤害程度，当温度超过一定范围会损伤叶绿体结构，抑制光合作用，并且低温持续时间越长叶绿素含量越低。低温胁迫下枸杞叶片叶绿素含量呈下降趋势，与 CK 相比，0 ℃、−2 ℃、−4 ℃、−6 ℃、−8 ℃处理下的叶绿素含量分别下降 19.95%、23.51%、31.10%、59.80%和 74.82%。3 h、6 h、9 h 的低温持续时间胁迫下，叶绿素含量下降率分别为 34.88%、42.02%和 55.53%（图 6.8）。由此说明，低温胁迫对枸杞叶绿素的合成及降解或叶绿体结构造成了一定的负面影响。

6.2.3　相对电导率的差异变化

相对电导率是植物受逆胁迫后细胞受损伤程度的重要指标，低温可使细胞通透性增加，而透性的增加与外渗电导率呈正相关。随着处理温度的降低和处理时间的延长，枝条相对电导率呈增加趋势。枝条在 0 ℃、−2 ℃、−4 ℃处理下，枝条相对电导率与 CK 差异不显著，当温度低于−4 ℃后枝条相对电导率明显升高，说明当温度低于−4 ℃时枸杞枝条质膜受到不同程度损伤，细胞中电解质外渗，相对电导率增加（图 6.8）。与 CK 相比，0 ℃、−2 ℃、−4 ℃、

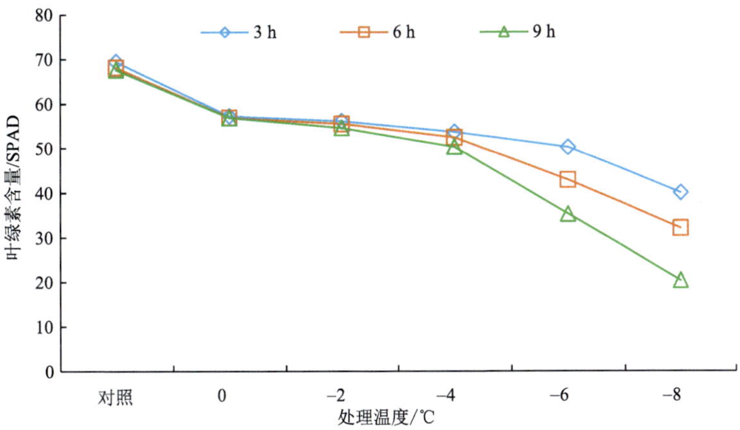

图 6.8　低温过程中枸杞枝条叶绿素含量(soil and plant analyzer develotrnent,SPAD)的变化

−6 ℃、−8 ℃处理下的相对电导率分别增加 11.76%、26.63%、32.50%、47.06%、52.45%。处理时间分别为 3 h、6 h、9 h 时,与 CK 相比,枝条相对电导率分别增加 34.65%、37.50%、40.57%(图 6.9)。

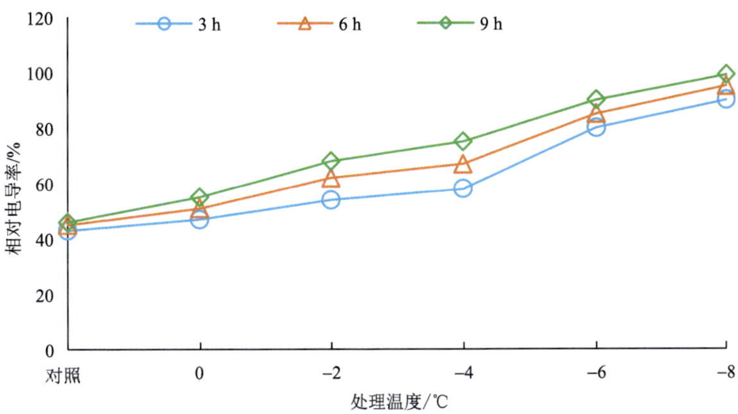

图 6.9　低温过程中枸杞枝相对电导率的变化

6.3　枸杞霜冻害监测预警指标

结合低温模拟试验,对所有处理归纳、总结得到精河枸杞展叶期发生不同程度霜冻的等级指标。由表 6.1 可知,温度越低、持续时间越长,枸杞展叶期受冻越严重。当气温为 −2 ℃≤t<0 ℃,持续时间 T 在 3 h 以内,会发生轻度霜冻。轻度霜冻时枸杞叶片颜色正常,少量叶片萎蔫,轻微卷曲。当 −4 ℃≤t<−2 ℃、持续时间 3 h≤T<6 h,或 −2 ℃≤t<0 ℃、持续时间 6 h≤T<9 h,会发生中度霜冻。中度霜冻时叶片颜色变暗,部分叶片失水萎蔫卷曲,叶片边缘及尖端逐渐变为褐色,且叶片表面呈水渍状。当 −6 ℃≤t<−4 ℃,持续时间 T≥6 h 或 −8 ℃≤t<−6 ℃,持续时间 T≥3 h 会发生重度霜冻。重度霜冻绝大部分叶片颜色变为褐色,萎蔫卷曲,大部分叶片呈水渍状且木质部变为褐色。

表 6.1 不同低温和时间处理下枸杞展叶期霜冻气象指标

霜冻	气温/℃	持续时间/h	霜冻特征
轻度	$-2\leqslant t<0$	$T<3$	叶片颜色正常，少量叶片萎蔫，轻微卷曲
中度	$-4\leqslant t<-2$	$3\leqslant T<6$	叶片颜色变暗，部分叶片失水萎蔫卷曲
	$-2\leqslant t<0$	$6\leqslant T<9$	呈水渍状，叶片边缘及尖端逐渐变为褐色
重度	$-6\leqslant t<-4$	$T\geqslant 6$	绝大部分叶片颜色变为褐色，萎蔫卷曲
	$-8\leqslant t<-6$	$T\geqslant 3$	大部分叶片呈水渍状且木质部变为褐色

第 7 章
蟠 桃

新疆是蟠桃的原产地，主产地石河子市第 143 团的蟠桃从 1955 年开始大面积种植蟠桃，2000 年 10 月被命名为"中国蟠桃之乡"，发展至今蟠桃种植总面积 1.2 万亩，已成为新疆最大的蟠桃生产基地，年总产逾 9000 t，产值近 6000 万元，给果农带来了较高的经济效益，蟠桃产业已成为该团重要的经济支柱之一。

近年来蟠桃花期霜冻灾害发生越来越频繁，2003 年、2008 年均在花期出现了不同程度的霜冻灾害，特别是 2014 年春季"4·22"寒潮，垦区出现较强的降水降温过程，天气转晴后最低气温降至−3.2 ℃，草面最低温度为−5.6 ℃，垦区普遍出现霜冻，对处于开花期的蟠桃生长十分不利，并且造成蟠桃减产 30%左右。

7.1 关键气象影响因子分析

通过对蟠桃开花期霜冻灾害历史灾情资料的调查，建立 4 月最低气温和蟠桃物候期数据库，确定日最低温度和最低温度持续时间为蟠桃花期霜冻灾害关键气象影响因子。图 7.1 说明：1981—2018 年 4 月逐日平均最低气温呈现波动上升趋势，在 4 月中旬初上升趋势较快，在上旬末后上升趋势放缓；37 a 逐日极端最低气温除 29—30 日外，均在 0 ℃以下。图 7.2 结果表明：石河子垦区蟠桃花芽膨大期一般出现在 3 月下旬—4 月上旬，始花期一般出现在 4 月上中旬，4 月下旬—5 月上旬开花达到末期，从花芽膨大至开花末期平均为 27 d。结合 2003 年后

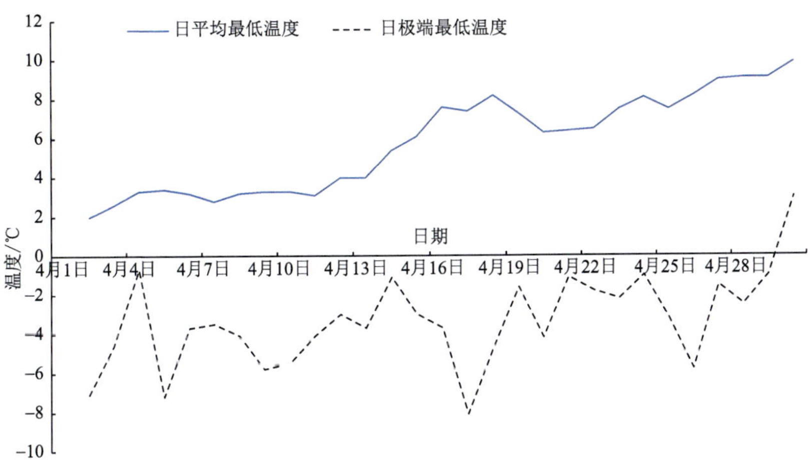

图 7.1 1981—2016 年 4 月逐日最低气温

对历史灾情资料分析表明：当蟠桃处于开花期时，日极端最低温度＜－2.0 ℃时，会对蟠桃开花、授粉产生一定影响。

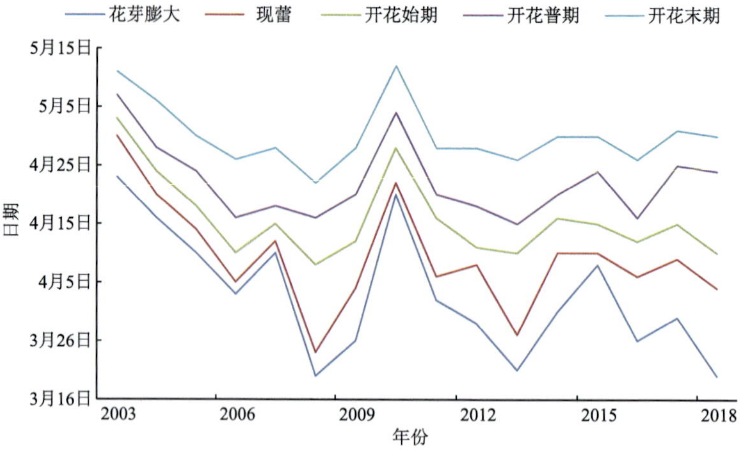

图 7.2 2003—2018 年蟠桃花期物候期

7.2 对蟠桃形态生理特性的影响

7.2.1 试验设计与观测方法

(1)试验材料：胁迫试验选取当地主栽品种“英格尔”蟠桃树，树龄为 10 a，无病虫害、长势一致的枝条，在蟠桃开花始期、盛期和末期分别进行模拟霜冻处理。用湿布包裹分类贴上标签装入聚乙烯袋，带回的枝条剪成 40 cm 左右的长度，自来水冲洗干净后蒸馏水冲洗，用吸水纸吸干水分，将枝条末端进行蜡封。蜡封后的枝条分成 6 份，一份作为对照，其余每份作为霜冻处理，放于冰箱中保存备用。

(2)低温胁迫处理：设置对照(与外界环境温度一致)、2 ℃、0 ℃、－2 ℃、－4 ℃等不同低温处理，各个低温处理持续时间分别为：6 h，12 h，24 h。观测低温处理蟠桃花的颜色形状等外部特征，利用便携式电导率仪测量枝条的电导率。

(3)外部形态特征观测：目测观察判断蟠桃低温胁迫后，各器官受冻情况，分别观测花(花瓣、花丝、花粉、柱头及子房)、叶片和茎(一年生新稍)的外部形态特征。

(4)相对电导率的测定(细胞质膜透性)

①称取叶片(花蕾同叶片观测)叶片 2 g，用蒸馏水冲洗干净，吸水纸吸干水分(枝条先用自来水冲洗 3 次，再用蒸馏水冲洗 3 次，吸水纸吸干表面水分，剪成 1～1.5 cm 小段，每0.5 g放入试管中)，进行低温处理(对照为室温条件)，各处理重复 3 次，到时取出(枝条剪去蜡封部分，约 3 cm 长)加入 20 mL 蒸馏水，放置 24 h 后测定浸出液的初始电导值(S_1)；然后放人沸水浴中 30 min，冷却后测定电导值(S_2)，同时测定去离子水电导率 S_0。电解质渗出率计算公式为：

$$L(\%)=(S_1-S_0)/(S_2-S_0)\times 100$$

$$I(\%)=(L_0-L_{ck})\times 100/(100-L_{ck}) \tag{7.1}$$

式中：L 为相对电导率；S_1 为低温处理后初电导率；S_2 为煮沸后终电导率；S_0 为去离子水电导

率；I 为伤害度；L_{ck} 为对照相对电导率。

②Logistic 方程和半致死温度的计算方法

Logistic 方程是一典型的"S"形曲线方程，在抗寒研究中，相对电导率拟合 Logistic 回归方程为：

$$y=k/(1+ae^{-bx})(a,b,k\text{ 均}>0) \tag{7.2}$$

式中：y 为细胞伤害率；x 为处理温度；k 为细胞伤害率饱和容量；a，b 为方程参数。为确定 a，b 的值，将方程进行线性化处理：

$$\ln[(k-y)/y]=\ln a-bx \tag{7.3}$$

令

$$y_1=h[(k-y)/y]$$

则转化为细胞伤害率（y_1）与处理温度（x）的直线方程。通过直线回归的方法求得 a，b 值及相关系数 R，用曲线的拐点作为半致死温度，即 $LT_{50}=\ln(a/b)$。

7.2.2　形态生理特性的差异变化

（1）形态特征

开展低温胁迫模拟试验，分析蟠桃花期不同阶段中形态特征变化。观测表明：不同程度低温使得花朵中的花瓣、花丝、子房、柱头出现不同程度的褐变，随着冻害程度加重褐色变深，花瓣容易脱落；叶片呈开水浸烫状、边缘变褐，茎（一年生新稍）表皮褐变（图 7.3）。

图 7.3　低温胁迫下蟠桃形态特征变化

（a）蟠桃花朵，－4 ℃，6 h 处理；（b）蟠桃花朵，0 ℃，12 h 处理；（c）蟠桃枝条，－4 ℃，6 h 和 12 h 处理；（d）蟠桃叶片，－6 ℃，12 h 处理

(2)生理特征

①相对电导率:不同物候期和持续时间蟠桃花在不同低温处理下相对电导率对变化存在差异(图 7.4,图 7.5,图 7.6):随着处理温度对降低和持续时间的延长,花朵、叶片和茎的相对

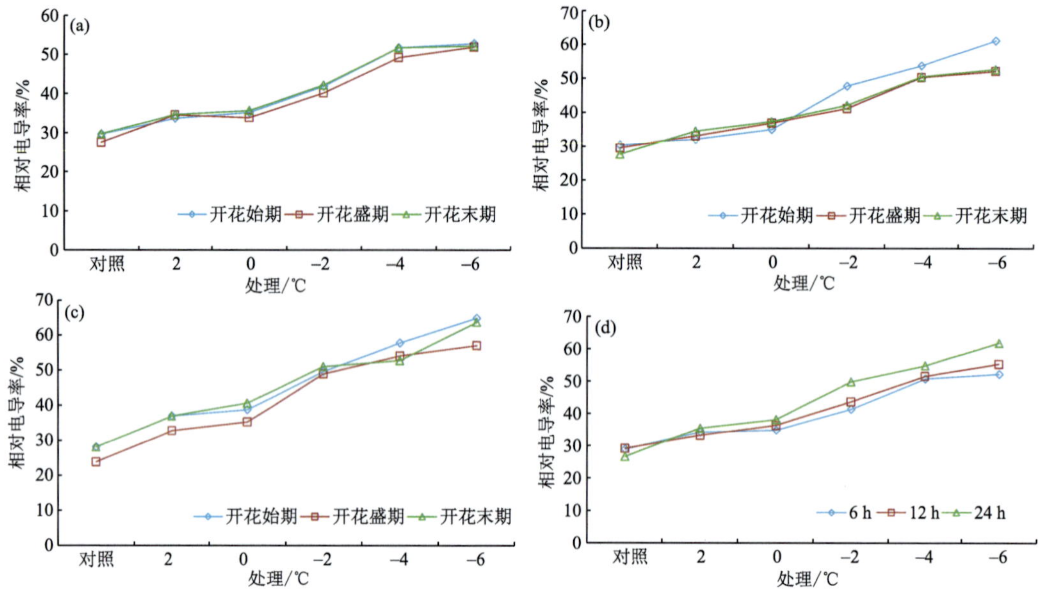

图 7.4　低温胁迫下蟠桃花朵相对电导率的变化

(a)低温胁迫 6 h;(b)低温胁迫 12 h;(c)低温胁迫 24 h;(d)持续时间

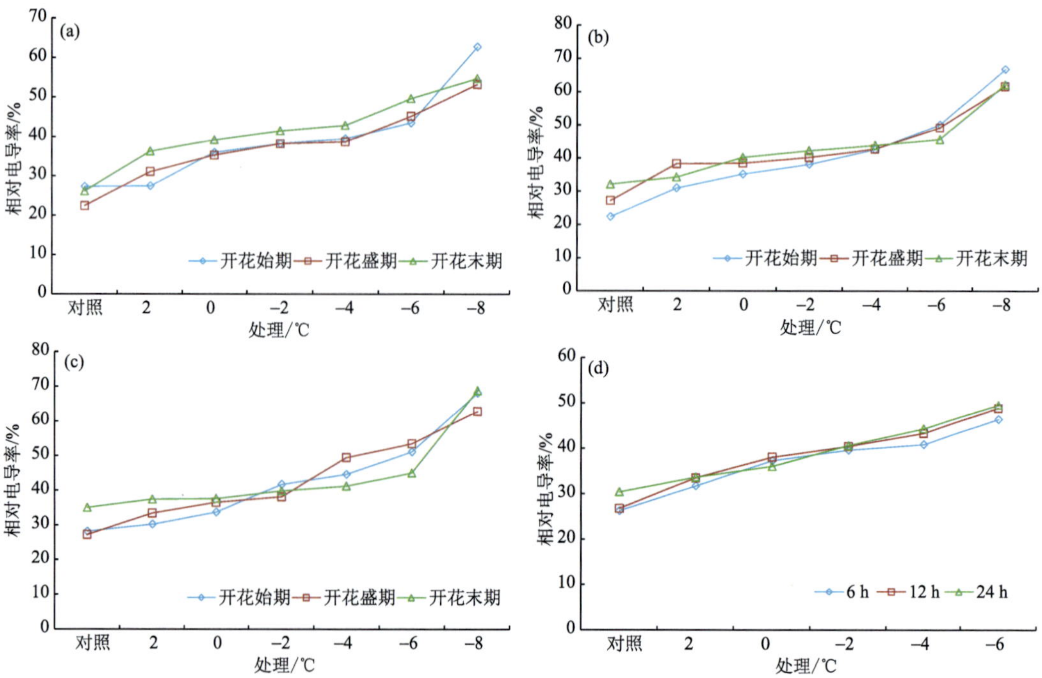

图 7.5　低温胁迫下蟠桃茎相对电导率的变化

(a)低温胁迫 6 h;(b)低温胁迫 12 h;(c)低温胁迫 24 h;(d)持续时间

电导率越来越大，呈现增加趋势，低温对蟠桃各器官对伤害程度在加重。当低温胁迫 6 h、12 h 的处理条件下，花朵、叶片在－4～－2 ℃处理间相对电导率出现急剧增加，茎在－8～－6 ℃处理间急剧增加；在 24 h 处理下，花朵、叶片在＜－2 ℃、茎在＜－4 ℃处理后相对电导率急剧增加；花朵、叶片在－6 ℃、茎在－8 ℃相对电导率值达到最大。

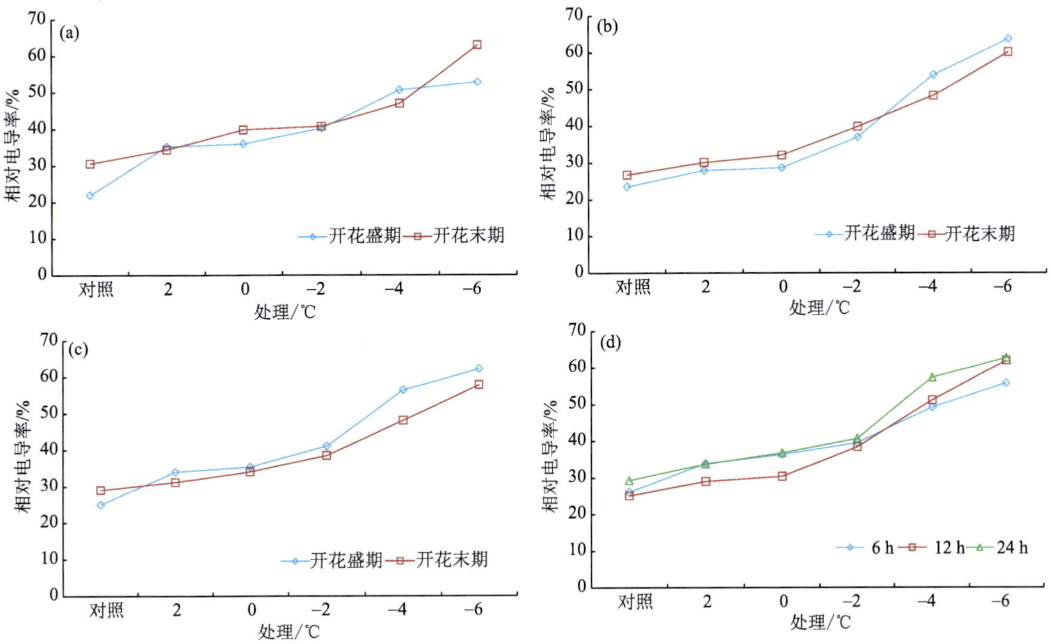

图 7.6 低温胁迫下蟠桃叶片相对电导率的变化

(a)低温胁迫 6 h；(b)低温胁迫 12 h；(c)低温胁迫 24 h；(d)持续时间

②半致死温度(LT_{50})：半致死温度是一种便于在不同材料间进行比较客观的指标，其值越低抗寒性越强。从表 7.1、表 7.2 可以看出，低温处理持续时间越长，蟠桃各器官半致死温度越低，不同物候期对抗低温能力有所不同，存在显著差异($P<0.05$)。蟠桃开花各物候期的花、叶、茎的半致死温度分别在－4.74～－3.27 ℃、－5.04～－4.23 ℃和－6.65～－5.20 ℃之间，说明蟠桃花对抗寒性最弱，茎的抗寒性最强。

表 7.1 蟠桃各物候期不同器官半致死温度(LT_{50})

物候期	部位	处理时间	回归方程	拟合度(R^2)	LT_{50}/℃
开花始期	花	6 h	$y=100/(1+0.5217e^{-0.1425x})$	0.8079	－4.57
		12 h	$y=100/(1+0.2536e^{-0.3154x})$	0.8596	－4.35
		24 h	$y=100/(1+0.1105e^{-0.6101x})$	0.8742	－3.61
	茎	6 h	$y=100/(1+0.4234e^{-0.1293x})$	0.7057	－6.65
		12 h	$y=100/(1+0.2306e^{-0.2741x})$	0.6763	－5.35
		24 h	$y=100/(1+0.3029e^{-0.2198x})$	0.7236	－5.43

续表

物候期	部位	处理时间	回归方程	拟合度(R^2)	LT_{50}/℃
开花盛期	花	6 h	$y=100/(1+0.1247e^{-0.4394x})$	0.7525	−4.74
		12 h	$y=100/(1+0.2334e^{-0.3243x})$	0.8722	−4.49
		24 h	$y=100/(1+0.3105e^{-0.3101x})$	0.8081	−3.77
	叶	6 h	$y=100/(1+0.2029e^{-0.3163x})$	0.7303	−5.04
		12 h	$y=100/(1+0.1273e^{-0.4629x})$	0.7094	−4.45
		24 h	$y=100/(1+0.2749e^{-0.3055x})$	0.7822	−4.23
	茎	6 h	$y=100/(1+0.3964e^{-0.1491x})$	0.7037	−6.21
		12 h	$y=100/(1+0.1938e^{-0.3103x})$	0.7802	−5.29
		24 h	$y=100/(1+0.8319e^{-0.0341x})$	0.6992	−5.40
开花末期	花	6 h	$y=100/(1+0.1105e^{-0.5101x})$	0.8767	−4.32
		12 h	$y=100/(1+0.6171e^{-0.1392x})$	0.7049	−3.47
		24 h	$y=100/(1+0.3605e^{-0.3121x})$	0.7962	−3.27
	叶	6 h	$y=100/(1+0.4041e^{-0.1835x})$	0.8372	−4.94
		12 h	$y=100/(1+0.2512e^{-0.3189x})$	0.8064	−4.33
		24 h	$y=100/(1+0.0986e^{-0.5273x})$	0.7072	−4.39
	茎	6 h	$y=100/(1+0.3164e^{-0.1739x})$	0.7275	−6.62
		12 h	$y=100/(1+0.6539e^{-0.0817x})$	0.7069	−5.20
		24 h	$y=100/(1+0.3932e^{-0.1776x})$	0.6827	−5.26

表 7.2 蟠桃各器官不同低温胁迫处理时间半致死温度(LT_{50})的差异

处理时间/h	花	叶	茎
6	−4.54 c	−4.99 d	−6.49 e
12	−4.10 b	−4.39 bc	−5.28 d
24	−3.55 a	−4.31 bc	−5.36 d

7.3 蟠桃霜冻灾害监测预警指标

综合对历史灾情资料、低温胁迫模拟试验研究结果的分析,结合参考文献,并根据本地实际情况,将石河子垦区蟠桃花期冻害分为 3 个等级,各级监测指标见表 7.3。

表 7.3 蟠桃花期冻害监测指标

冻害级别	受冻程度	冻害温度/℃	低温持续时间/h	外部形态特征
1	轻度	−2	12	少部分花药变色,个别花瓣褐变
2	中度	−2	24	少部分花瓣、花丝、花药、柱头褐变、花瓣易脱落,叶片边缘变红,个别茎表皮褐变
		−4	6	
3	重度	−4	12	一半以上花瓣、花丝、花药、柱头、子房、茎表皮褐变,花瓣大量脱落,叶片呈开水浸烫状,个别茎髓呈浅褐色
		−6	6	

第 8 章
葡　萄

低温是限制地球上植物分布与生长的重要因素，低温伤害是全世界农林生产中损失巨大的一种自然灾害，但不同种类的植物对低温表现出不同的抗性（罗国光，2002）。

8.1　葡萄抗寒机理变化

8.1.1　葡萄的分布与抗寒性关系

葡萄是我国北方主要落叶果树中耐寒性较弱的树种之一，一般在极端最低温度低于－15 ℃以北的地区就可能发生不同程度的冻害（孟庆瑞，2002）。葡萄在新疆是主要栽培果树，栽培面积占全国的20%以上，居全国之首，生产上冻害发生频繁，在一定程度上影响和制约了葡萄的发展。葡萄越冬受冻害的原因在寒冷地区一般认为是由低温引起的根系冻害问题，由于其枝蔓较抗寒，即使在最北的黑龙江省也能成功地进行栽培。贺普超等（1989）对葡萄属野生品种的研究发现，抗寒性极强的有山葡萄、燕山葡萄、最不抗寒的为葛葡萄，除山葡萄外原产我国的许多品种抗寒性强于欧洲葡萄。另外，产自地理纬度较北的葡萄株系的抗寒性强于地理纬度较南的株系，葡萄野生种的抗寒性强弱，与其起源地分布区的生态气候条件密切相关，起源分布于东北的抗寒性最强而起源分布于华中的抗寒性较差。

8.1.2　葡萄抗寒的生理生化特性

曹建东等（2010）研究表明，随着处理温度的降低，葡萄枝条的萌芽率、生根率、愈伤组织比率呈逐渐降低的趋势，而同时它们枝条的电导率、可溶性糖、可溶性蛋白、游离脯氨酸和丙二醛含量却逐渐升高，并且各品种升降的速度和幅度有明显差异，其中品种“红地球”升降最快、幅度最大，品种“5BB”升降最慢、幅度最小。也有研究表明果树根系冻害死亡的原因并不是低温细胞结冰直接引起，而是冰冻之后的解冻。如果缓慢解冻则细胞可以恢复，反之，迅速解冻则易引起死亡（Kreyling，2009；冯玉香 等，2000），因此，有必要对冻害降温过程及其生理过程变化进行研究。果树根系冻害由内部结冰所致，研究显示（杨建民 等，2000；李秀芬 等，2004），细胞间隙的自由水首先形成冰核，随着温度的持续降低，时间延长，冰体不断增大，从而导致细胞内的水分不断外渗，使原生质体因严重脱水的冰体挤压造成伤害，当超过一定限度，细胞内原来的胶状物质就逐渐凝固起来，特别是在严重冻害以后，细胞失水无法复原，导致死亡。

植物原生质膜的存在为植物细胞提供了一个屏障，这个界面膜能使植物有效地截取环境的熵损，从而使细胞结构趋于有序，使一系列生理活动能正常进行，同时这个界面膜的稳定结构保证了物质运转，能量交换和信息传递等一系列生物功能的实现。在维持细胞内外浓度差和主动传输方面也起着重要作用(曹琴 等,2004;何开跃 等,2004)。当植物处于临界温度以下时,质膜的功能受阻,致使细胞内含物大量外渗,因而细胞不能维持其高度有序性结构而受害死亡,所以质膜透性的增加成为低温伤害的重要标志。电导率是用来表示质膜透性大小的一个指标,已被作为衡量植物抗寒性强弱的重要指标之一(邵文鹏 等,2009)

可溶性糖含量也与抗寒性有着密切关系,可溶性糖类是果树进行光合、呼吸等能量转换和新陈代谢的基本物质(冯玉香等,1996)。细胞液与抗冻性密切相关,主要是细胞液浓度反映细胞内含物与水分比例的关系,细胞浓度越高,可溶性糖浓度越高,蛋白质也高,细胞内束缚水也就越高,自由水浓度相对就较低,抗寒性强,因而果树品种间抗冻性的强弱与细胞液浓度高低是一致的(Marques,2007;朱立武 等,2001)。在不同温度下,细胞液浓度的变幅也与抗冻能力有关,变幅越大,说明细胞自身调节水分状况和调节预防低温保护性物质的能力越强,抗寒能力越强。细胞内可溶性糖多时,可使细胞内渗透压增大,保水力增强,而且,糖还具有保护蛋白质避免低温所引起的凝固作用。研究表明(李秀芬 等,2004),秋冬季节茶树叶片由于含糖量增加,渗透压呈上升趋势,而抗寒性强的品种增势更加明显。

目前,在葡萄、草莓、桃等上发现低温锻炼后可溶性蛋白或全蛋白的增加与其抗寒力呈正相关,可溶性蛋白质主要是通过保护作用来实现细胞抵御冻害的,可溶性蛋白质和一些低分子糖聚集于叶绿体及其他的细胞器周围,降低冰点温度,使细胞免遭冻害(李荣富,1996)。我国学者研究草莓、葡萄等果树均表明抗寒性强的果树可溶性全蛋白含量高,抗寒锻炼中呈增加趋势以抗寒性强的品种增加幅度大,抗寒性差的品种增加幅度小,在葡萄中全蛋白含量与抗寒性呈显著正相关(王淑杰 等,1996)。可溶性蛋白的增加,可显著加强细胞的保水力,同时蛋白质可能在抗寒锻炼过程中调节基因表达导致抗寒性的增加对发展高水平的抗寒力具有重要作用,另外,可溶性蛋白质有相当一部分是功能蛋白酶,有其特异的功能和作用参与抗寒力的发展过程,在葡萄上证实抗寒品种在低温时淀粉酶及蔗糖酶等水解酶活性高,POD 含量高,同工酶谱带增多。葡萄枝叶内氧化酶活性与电解质渗出率显著相关(王丽雪 等,1996)在越冬前游离氨基酸的含量与葡萄抗寒性呈显著正相关(王荣富,1987)。

葡萄是深根性果树,植株具有发达的根系,由多年生骨干根和须根组成,抗寒品种根系分布深,土层深厚,土质疏松的比土层薄、土质黏重的分布深,葡萄的根富于肉质,导管小而密度低,髓射线发达,能贮藏大量的有机营养物质,在冬季来临之前在皮层的薄壁细胞韧皮部,木质部和髓射线中都能贮藏大量的碳水化合物、蛋白质和单宁物质,皮层在根系的结构中所占的比例低,木质部比率高(邓令毅 等,1982)。根系在适宜的条件下全年皆可生长,冬季的低温迫使根系处于休眠状态,地上枝蔓的新鲜剪口出现伤流即说明根系已开始活动,此时,在根系尚未发生新根以前,起吸收作用的主要是依靠越冬后保留的去年形成而未完全木栓化的细根和生长在根内皮层薄壁细胞的菌根,若根系越冬时受冻害较重再加上早春地温上升较慢,在芽萌动以前往往不一定出现伤流或伤流很短葡萄根系的抗寒力最弱。因此,冬春低温冻害首先发生在根系,大部分欧洲种葡萄的根系在−7～−5 ℃时即受冻,某些美洲种能忍受−12～−11 ℃左右的低温,山葡萄的根系最抗寒,可抗−16～−14 ℃的低温(贺普超 等,1989)。

8.1.3 葡萄抗寒的组织结构变化

葡萄植株组织结构在抗寒性上的表现有葡萄抗寒种类、品种在组织结构上叶片栅栏海绵组织细胞小,栅栏组织占叶厚的比率大,叶片栅栏组织排列紧密且厚海绵组织排列松弛且薄

(王丽雪 等,2000;尹立荣 等,1990)。春季,叶片在－1 ℃时即开始受冻,秋季叶片在－5～－3 ℃时受冻。葡萄的芽,组成复杂除分冬芽、夏芽外,冬芽还有主副芽之分(贺普超 等,2014)。另外,不同种类的葡萄枝条节间的长度相差很大,不同节位上的芽萌芽力也不同,主副芽的区分对研究不同品种抗寒性的大小关系不大,副芽比主芽更耐寒(牛立新,1991)。一般欧洲种葡萄在经过正常的成熟和锻炼过程之后,其芽眼可以忍受－18～－16 ℃的低温,美洲葡萄可忍受－22～－20 ℃左右的低温。因此,在北方地区经过覆土越冬,枝蔓一般不会受冻。

8.1.4 葡萄冻害的形态特性变化

全球气候变化背景下,葡萄的生长发育、产量、品质的优劣,在很大程度上受产地生态气候条件制约。近年极端气候事件频繁发生对葡萄产业造成了严重影响,2000 年冬季的暴雪,出现了历史罕见特大雪灾;2001 年 8 月的低温冷害导致棉花大面积蕾铃脱落,减产近 50%;2006 年 5 月的低温冷害及强沙尘暴,造成农作物大面积受灾;2008 年冬季北疆地区气温异常偏高,降雪偏少,积雪深度达到近 20 年最小值。仅石河子垦区葡萄根系受冻面积达 3 万亩,大部分根系受冻植株翌年死亡。严重冻害,表现为地上部的枝蔓不萌芽,根系死亡;少部分地块表现为中度冻害,萌芽不整齐,浅层根系受冻死亡,深层根受冻较轻,但对葡萄生长发育影响很大,造成当年产量很少。

8.2 葡萄安全越冬防御技术

新疆北部地区冬季寒冷,埋土越冬葡萄产生冻害的主要原因之一在于根系发生冻害,而冬季土壤水分的蒸发是造成葡萄根系区域地温下降的主要原因,进而造成葡萄根系冻害发生。

8.2.1 不同越冬覆盖材料对比分析

依托中国气象局乌兰乌苏绿洲农田生态试验基地,选取了 5 种覆盖材料开展了不同越冬方式抗寒性对比分析。

选取试验地块面积为 100 m^2,一块为自然状况作为对照,另一块地将冬季每次降雪清除,模拟冬季没有积雪的情况,此情况下冻害发生比较严重。将每块地分为 5 个区域,每个区域为一种覆盖材料,共计 5 种覆盖材料、10 个处理,每个处理均布设空气温度、土壤温度传感器,统计分析不同材料覆盖下气象条件的差异变化(图 8.1)。

四种覆盖材料(单层白膜、单层黑膜、单层草帘和双层膜)保温性能都比较稳定,相比对照处理保温效果显著。保温效果最好的处理是有积雪覆盖单层草帘,在冬季三个月内 40 cm 地温始终处于最高,最低温度不低于－1.5 ℃。无积雪覆盖单层白膜、无积雪覆盖单层黑膜保温效果相比单层草帘和双层膜相对较弱,但在三个月内 40 cm 地温不低于－4.5 ℃。积雪覆盖单层白膜保温效果仅次于积雪覆盖单层草帘,在三个月内 40 cm 地温不低于－3.5 ℃。单层白膜价格低廉,易于推广。

8.2.2 葡萄安全越冬监测预警指标

葡萄自 11 月中下旬至翌年 4 月中下旬处于越冬休眠期,从 40 cm 土层土壤温度(T_{40cm})及其持续日数($T_{40cm\ day}$)、最小积雪深度(S_{Hmin})、最大积雪覆盖日数(S_{Cday})、月平均气温等方面构建了葡萄安全越冬监测预警等级指标(表 8.1)。

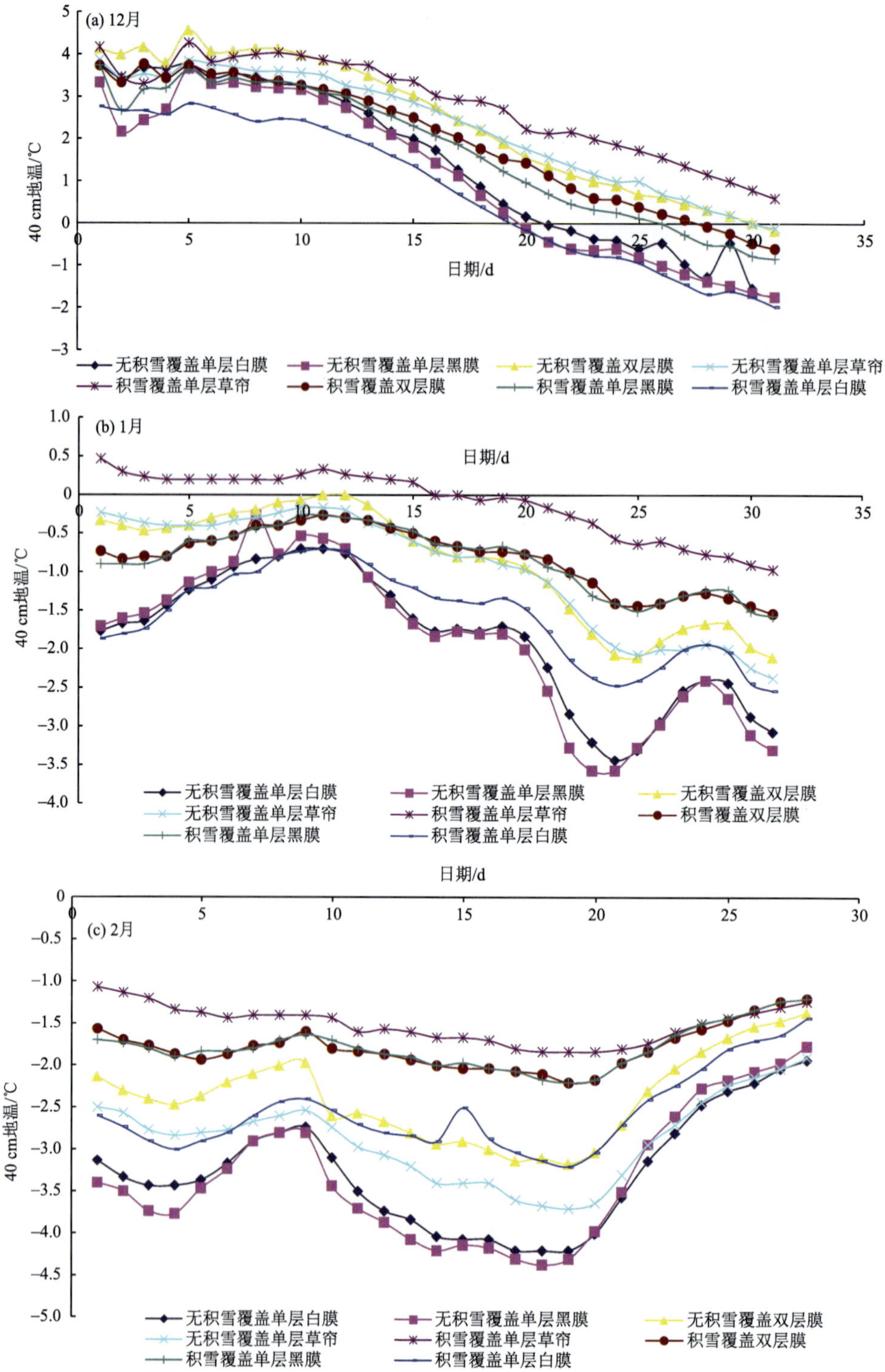

图 8.1　不同覆盖材料冬季地温变化情况

表 8.1　葡萄安全越冬监测预警等级指标

因子	等级
$T_{40cm} \leqslant -5$ ℃ $S_{Hmin} \geqslant 25$ cm 且 $S_{Cday} \geqslant 70$ d -6 ℃ $\leqslant T_{40cm} < -5$ ℃且 $T_{40cm\ day} \leqslant 15$ d -7 ℃ $\leqslant T_{40cm} < -6$ ℃且 $T_{40cm\ day} \leqslant 10$ d -8 ℃ $\leqslant T_{40cm} < -7$ ℃且 $T_{40cm\ day} \leqslant 6$ d -9 ℃ $\leqslant T_{40cm} < -8$ ℃且 $T_{40cm\ day} \leqslant 4$ d	安全越冬
$S_{Hmin} \leqslant 15$ cm 且 $S_{Cday} \leqslant 50$ d 且 $T_{气温月平均值} > T_{历年月平均值}$ -6 ℃ $\leqslant T_{40cm} < -5$ ℃且 $T_{40cm\ day} \geqslant 20$ d -7 ℃ $\leqslant T_{40cm} < -6$ ℃且 $T_{40cm\ day} \geqslant 15$ d -8 ℃ $\leqslant T_{40cm} < -7$ ℃且 $T_{40cm\ day} \geqslant 10$ d -9 ℃ $\leqslant T_{40cm} < -8$ ℃且 $T_{40cm\ day} \geqslant 8$ d	存在风险

8.2.3　葡萄安全越冬防御技术指标

在有积雪状态下覆盖单层草帘比单层黑膜、单层白膜和双层膜温度高，整个试验期间单层草帘的最低温度为－1.8 ℃，单层黑膜的最低温度为－2.2 ℃，单层白膜最低温度为－3.2 ℃，双层膜最低温度为－2.2 ℃。在无积雪状态下覆盖双层膜比单层白膜、单层黑膜和单层草帘温度高，整个试验期间双层膜的最低温度为－3.2 ℃，单层白膜最低温度为－4.2 ℃，单层黑膜最低温度为－4.4 ℃，单层草帘最低温度为－3.7 ℃（表 8.2）。

表 8.2　不同覆盖材料在不同积雪情况下最低温度比较

覆盖材料	有积雪覆盖 40 cm 地温/℃	无积雪覆盖 40 cm 地温/℃
单层白膜	－3.2	－4.2
单层草帘	－1.8	－3.7
单层黑膜	－2.2	－4.4
双层薄膜	－2.2	－3.2

8.2.4　葡萄安全越冬防御技术措施

关于葡萄栽培种植中的越冬埋土问题，李尊惠（2006）论述了北方地区几种不同的防寒技术效果，地上埋土、地下埋土、局部埋土、塑料膜保护等技术，均在不同程度上有利于葡萄安全越冬。张国军等（2007）研究表明不埋土与埋土葡萄植株一年生枝条水分含量总体趋势一致。张帅等（2005）通过研究得出，在烟台地区葡萄越冬不埋土的话，一般年份可安全越冬，但对第 2 年的生长结果有一定影响，比埋土越冬葡萄萌芽晚 2～3 d，萌芽率低 22 个百分点，新梢前期（开花前）生长缓慢且不整齐，新梢达到绑缚长度晚 3～5 d；开花晚 1～2 d，花期延长 2～3 d，果粒着色晚 4～5 d，成熟期推迟 5～7 d。吕承尚（1996）论述了葡萄越冬埋土的技术要点，分析了埋土与葡萄产量，品质的关系。王华民等（2007）得出了吐鲁番葡萄越冬覆盖毛毡埋土技术，覆盖发芽率比传统的埋土法高 18.9%，增产 1.5%。王发明（2003）研究了葡萄越冬受冻后的补救措施可采取剪除受冻枝条和根，并及时扣塑料小拱棚，促使根系恢复生机，提高根系的吸收能力，进行补救。汪心泉等（2005）研究表明塑料覆盖葡萄越冬技术具有保温、保湿、防抽干作用。2000 年吐鲁番葡萄产区研制出毛毡和塑料布缝制而成的轻型防寒保温材料，连续 7 年免埋越冬实验效果很好。阳明宇等(2003)研究了葡萄越冬期的气候与产量及品质的关系，发现葡萄休眠期的低温累积量、气温等有显著关系。

四种覆盖材料(单层白膜、单层黑膜、单层草帘和双层膜)进行葡萄越冬防御的主要技术要点包括，入冬埋土前灌足冬灌水，将葡萄枝条压下埋土；在葡萄枝条压下埋土后在土层上覆盖塑料薄膜，薄膜两边封土；开春后，去除薄膜开墩。

参考文献

柏秦凤,王景红,郭新,等,2013.基于县域单元的陕西苹果越冬冻害风险分布[J].气象,39(11):1507-1513.

蔡文华,陈惠,潘卫华,等,2009.福建龙眼树冻害指标初探[J].中国农业气象,30(1):109-112.

蔡文华,张辉,徐宗焕,等,2008.荔枝树冻害指标初探[J].中国农学通报,171(9):353-356.

曹建东,陈佰鸿,王利军,等,2010.葡萄抗寒性生理指标筛选及其评价[J].西北植物学报,30(11):2232-2239.

曹琴,孔维府,温鹏飞,2004.植物耐寒及其基因表达研究进展[J].生态学报,24(4):806-811.

柴芊,栗珂,刘璐,2010.陕西果业基地苹果花期冻害指数及预报方法[J].中国农业气象,31(4):621-626.

陈钰,郭爱华,姚延涛,2007.杏枝芽内 MDA 含量和电导率值变化与抗寒性关系的研究[J].天津农业科学,56(4):4-6.

邓令毅,王洪春,1982.葡萄的膜脂和脂肪酸组分与抗寒性关系的研究[J].植物生理学报(3):273-283.

冯玉香,何维勋,1996.霜冻的研究[M].北京:气象出版社.

冯玉香,何维勋,饶敏杰,等,2000.冬小麦拔节后霜冻害与叶温的关系[J].作物学报,26(6):707-711.

冯玉香,何维勋,汪学林,等,1998.梨花霜害及其防御[J].中国农业气象(2):39-43.

高述民,程朋军,郭惠红,等,2003.日本桃叶珊瑚的冷驯化及抗寒机制研究[J].西北植物学报(12):2113-2119.

葛徽衍,张永红,张金武,2005.渭南市果树花期冻害气候分析[J].陕西农业科学(3):95-96.

郭修武,傅望衡,王光洁,1989.葡萄根系抗寒性的研究[J].园艺学报(1):17-22.

何峰江,谢军,耿文娟,等,2010.新疆杏抗寒性研究初报[J].新疆农业科学,47(4):722-725.

何开跃,李晓储,黄利斌,等,2004.3 种含笑耐寒生理机制研究[J].南京林业大学学报(自然科学版),28(4):62-64.

河北农业大学,1979,果树栽培学实验实习指导书[M].北京:中国农业出版社.

贺普超,李民,韦田,等,2014.葡萄——改变世界的植物[J].人与自然,151(9):10-29.

贺普超,牛立新,1989.我国葡萄属野生种抗寒性的研究[J].园艺学报(2):81-88.

吉春容,邹陈,陈丛敏,等,2011.新疆特色林果冻害研究概述[J].沙漠与绿洲气象,5(4):1-4.

简令成,孙德兰,施国雄,等,1986.不同柑橘种类叶片组织的细胞结构与抗寒性的关系[J].园艺学报(3):163-168.

简令成,王红,孙龙华,等,1994.植物抗寒剂对培育冬小麦壮苗、提高越冬存活率及产量的作用[J].植物学通报(S2):144-147.

李宝江,杨凤军,高玉刚,2003.果树抗寒性的研究进展[J].黑龙江八一农垦大学学报(4):23-29.

李凤云,王玉山,吴泽新,等,2010.地面温度与雪面温度对比[J].气象科技,38(1):71-74.

李合生,李荣伟,伍素辉,1990.湖北光敏核不育水稻绿色叶片中光敏色素的提取及其吸收光谱[J].华中农业大学学报(4):387-393.

李健,刘映宁,李美荣,等,2008.陕西果树花期低温冻害特征及防御对策[J].气象科技,208(3):318-322.

李疆,刘玲,李芳,等,2003.干寒区桃树的冻害分析及防寒栽培技术[J].新疆农业大学学报(3):43-46.

李荣富,王丽雪,张华,1996.果树抗寒性的细胞生物学研究进展[J].北京农学院学报(2):79-84.

李卫伟,2012.春季果树低温冻害应对措施[J].农业技术与装备(2):73.

李秀芬,房用,乔勇进,等,2004.茶树越冬后叶片含水量与耐寒性研究初报[J].山东林业科技(1):12-14.

李战鸿，赵艳莉，曹琴，等，2006. 石榴树受冻的原因及防冻栽培技术[J]. 落叶果树(4)：61.

李尊惠，2006. 葡萄越冬须防寒[J]. 园林果树(11)：13.

刘艳，赵虎成，李雄，等，2002. 梨枝条中淀粉、还原糖及脂类物质动态变化与抗寒性的关系[J]. 内蒙古农业大学学报(自然科学版)(1)：57-60.

刘映宁，贺文丽，李艳莉，等，2010. 陕西果区苹果花期冻害农业保险风险指数的设计[J]. 中国农业气象，31(1)：125-129.

刘祖祺，林定波，1993. 植物抗寒分子生物学研究进展[J]. 南京农业大学学报(1)：113-119.

刘祖祺，张连华，朱培仁，1990. 用放射免疫法分析柑橘抗寒锻炼中游离和结合态脱落酸的变化[J]. 园艺学报(3)：197-202.

吕承尚，1996. 葡萄越冬埋土要点[J]. 农业科技通讯(10)：17.

罗国光，吴晓云，冷平，2002. 华北酿酒葡萄气候区划研究[J]. 中外葡萄与葡萄酒(2)：16-21.

罗正荣，章文才，1994. 应用 Logistic 方程测定柑橘抗冻力的探讨[J]. 果树科学(2)：100-102.

孟庆瑞，王文凤，梁隐泉，等，2008. 杏品种花器官过冷却点及结冰点的研究[J]. 中国农业科学(4)：1128-1133.

孟庆瑞，杨建民，樊英利，2002. 果树抗寒机制研究进展[J]. 河北农业大学学报(S1)：87-91.

牛立新，贺普超，1991. 生长法作为葡萄抗寒性鉴定的研究[J]. 果树科学(1)：40-42.

任国玉，徐影，2004. 气候变化的观测事实与未来趋势[J]. 科技导报(7)：15-16.

邵文鹏，赵兰勇，吴殿鸣，等，2009. 用电导法配合 Logistic 方程鉴定桉树的抗寒性[J]. 山东林业科技(1)：28-29

史玉光，2006. 中国气象灾害大典・新疆卷[M]. 北京：气象出版社.

孙世航，林苗苗，齐秀娟，等，2019. 电导率法测定猕猴桃的半致死温度[J]. 北方园艺 27(4)：69-73.

孙中海，章文才，1990. 柑橘叶片各种磷脂含量与抗寒性关系的研究[J]. 果树科学(3)：135-140.

谭宗琨，黄城华，孟翠丽，等，2014. 甘蔗寒冻害等级指标及灾损指标的初步研究[J]. 中国农学通报，30(28)：169-181.

唐冶，杨志华，曹占洲，等，2014. 南疆环塔里木盆地林果种植区近 50a 气候变化特征及对果树生长的影响[J]. 农业网络信息，14(4)：27-31.

汪心泉，葛庆福，孟广凤，2005. 覆盖塑膜防护红地球葡萄越冬的方法和效果[J]. 落叶果树(1)：61.

王发明，2003. 葡萄越冬防寒技术及冻害的补救措施[J]. 农业科技通讯(12)：32.

王飞，陈登文，李嘉瑞，等，1999. 杏花及幼果人工模拟冻害及生理研究[J]. 西北农业学报(1)：95-97.

王华民，李维山，叶萍，等，2007. 葡萄越冬覆盖新法[J]. 农村科技，268(10)：40.

王景红，梁轶，柏秦凤，等，2012. 陕西主要果树气候适宜性与气象灾害风险区划图集[M]. 西安：陕西科学技术出版社，85-87.

王丽雪，李荣富，张福仁，1996. 葡萄枝条中蛋白质、过氧化物酶活性变化与抗寒性的关系[J]. 内蒙古农牧学院学报(1)：45-50.

王丽雪，张福仁，李荣富，2000，等. 葡萄枝条中淀粉粒形态结构与抗寒力的关系[J]. 园艺学报(2)：85-89.

王荣富，1987. 植物抗寒指标的种类及其应用[J]. 植物生理学通讯(3)：49-55.

王淑杰，王家民，李亚东，等，1996. 可溶性全蛋白、可溶性糖含量与葡萄抗寒性关系的研究[J]. 北方园艺(2)：77-78.

王淑杰，王家民，李亚东，等，1996. 氧化酶活性与葡萄抗寒性关系的研究[J]. 吉林农业大学学报(2)：38-41.

王小华，庄南生，2008. 脯氨酸与植物抗寒性的研究进展[J]. 中国农学通报，173(11)：398-402.

魏天军，2009. 2008 年宁夏枣树冻害调查[J]. 中国果树(2)：62-64.

熊炳平，雷泞菲，刘金渠，等，2022. 低温胁迫下常春藤对外源脱落酸的生理响应[J]. 北方园艺，498(3)：71-78.

严寒静，谈锋，2005. 栀子叶片生理特性与抗寒性的关系[J]. 植物资源与环境学报(4)：23-26.

阳明宇，2003. 北海市葡萄越冬期出现的气候问题及其克服[J]. 中国果业信息(1)：37-38.

杨凤军，李宝江，高玉刚，2003. 果树抗寒性的研究进展[J]. 黑龙江八一农垦大学学报(4)：23-29.

杨建民，周怀军，王文凤，2000. 果树霜冻害研究进展[J]. 河北农业大学学报，23(3)：54-58.

尹立荣，孙克娟，宋润刚，等，1990. 葡萄叶片的组织结构与抗寒力的关系[J]. 特产研究(3)：7-8.

尹忠岭，李晓川，2009. 巴州果树冻害的成因分析[J]. 沙漠与绿洲气象，3(3)：55-58.

余文琴，刘星辉，1995. 荔枝叶片膜透性和束缚水/自由水与耐寒性的关系[J]. 福建农业大学学报(1)：14-18.

张国军，闫爱玲，徐海英，2007. 葡萄越冬期间枝条水分含量变化的研究[J]. 北方园艺，182(11)：55-56.

张红，简令成，李广敏，1994. 植物抗寒剂提高黄瓜幼苗抗寒力及细胞膜系统冷稳定性的研究[J]. 植物学通报(S2)：154-162.

张基德，李玉梅，陈艳秋，等，2004. 梨品种枝条可溶性糖、脯氨酸含量变化规律与抗寒性的关系[J]. 延边大学农学学报(4)：281-285.

张帅，王春林，2005. 葡萄越冬埋土与否对生长和结果的影响[J]. 落叶果树(2)：59.

张永平，万恩梅，程桂琴，2010. 影响柑橘冻害的气象因子及恢复措施[J]. 才智(19)：64.

张永泉，梁隐泉，李思平，2010. 低温胁迫对仁用杏花器官抗寒性的影响[J]. 河北林果研究，25(3)：244-248.

赵春江，康书江，王纪华，等，2000. 植物内源激素与不同基因型小麦抗寒性关系的研究[J]. 华北农学报(3)：51-54.

郑小琴，杨金文，洪国平，等，2009. 台湾软枝杨桃低温冻害分析及防冻效果评估[J]. 中国农学通报，25(18)：403-408.

朱根海，刘祖祺，朱培仁，1986. 应用 Logistic 方程确定植物组织低温半致死温度的研究[J]. 南京农业大学学报(3)：11-16.

朱京琳，1984. 新疆巴旦木[M]. 乌鲁木齐：新疆人民出版社.

朱立武，李绍稳，刘加法，等，2001. 李抗逆性生理生化指标及其相关性的研究[J]. 园艺学报，28(2)：164-166.

GRIFFITH M, LUMB C H, WISEMAN S B, et al, 2005. Antifreeze proteins modify the freezing process in plant[J]. Plant Physiology, 138: 330-340.

KREYLING J, BEIERKUHNLEIN C, JENTSCH A, 2009. Effects of soil freeze-thaw cycles differ between experimental plant communities[J]. Basic and Applied Ecology, 10:1016-1027.

Levitt J, 1979. Freezing Temperature Responses of Plants to Environmental Stress[M]. New York: Academic Press: 267-290.

MARQUES L G, FERREIRA M C, FREIRE J T, 2007. Freeze-drying of acerola(Malpighiaglabra L.)[J]. Chemical Engineering and Processing, 46: 451-457.

MATTHEIS J P, KETCHIE D O, 1990. Changes in parameters of the plasmalemma ATP pulse during cold acclimation of apple tree bark tissues[J]. Physiologic Plantar, 78: 616-622.

WARMUND M R, GUINAN P, FERNANDEZ G, 2008. Temperatures and cold damage to small fruit crops across the eastern U. S. associated with the April 2007 freeze[J]. Hort Science, 43: 1-5.